应用型本科"十三五"规划教材

工业机器人技术应用

——项目化教程

主　编　裴洲奇

西安电子科技大学出版社

内 容 简 介

本书以工业机器人仿真、离线编程和示教操作作为核心，以培养应用型本科学生在智能控制领域优秀的职业素养、扎实的实践操作技能和过硬的思想素质为目标，在工业机器人高技术应用的基础上，按照智能制造过程规范化和系统化的思想进行课程开发。

全书主要包括三部分内容，即三个实训项目：工业机器人仿真和离线编程软件(RoboDK3.2)的应用，工业机器人对包装盒的搬运操作，工业机器人在自动分拣与包装生产线上的应用。本书通过循序渐进、由浅入深的方式培养学生工业机器人技术的应用能力。

本书可作为普通高等学校机电一体化专业、自动化专业和工业机器人专业的教材，也可供智能控制工程技术人员阅读参考使用。

图书在版编目(CIP)数据

工业机器人技术应用：项目化教程 /裴洲奇主编. —西安：西安电子科技大学出版社，2019.3
ISBN 978-7-5606-5260-3

Ⅰ. ① 工… Ⅱ. ① 裴… Ⅲ. ① 工业机器人—高等学校—教材 Ⅳ. ① TP242.2

中国版本图书馆 CIP 数据核字(2019)第 026797 号

策划编辑 高 樱
责任编辑 董柏娴 阎 彬
出版发行 西安电子科技大学出版社(西安市太白南路 2 号)
电 话 (029)88242885 88201467 邮 编 710071
网 址 www.xduph.com 电子邮箱 xdupfxb001@163.com
经 销 新华书店
印刷单位 陕西天意印务有限责任公司
版 次 2019 年 3 月第 1 版 2019 年 3 月第 1 次印刷
开 本 787 毫米×1092 毫米 1/16 印 张 11.875
字 数 280 千字
印 数 1～3000 册
定 价 29.00 元

ISBN 978-7-5606-5260-3 / TP

XDUP 5562001-1

如有印装问题可调换

前　言

工业机器人技术诞生于 20 世纪 60 年代初，距今已有近 60 年的发展历史。工业机器人技术的应用经历了从小型化到大型化、从单一功能到综合应用、从毫米级定位到微米级定位、从独立工作到人机协同工作的发展历程。

二十世纪六七十年代，通用、克莱斯勒和福特等公司成为世界上第一批将工业机器人应用于汽车零部件生产、车体焊接与喷涂等领域的企业。之后数十年间，随着机器人控制器、传感器、网络通信以及谐波减速器等技术的发展，工业机器人技术日臻完善，并且在柔性制造、能源开发、军事工程和宇宙探索等领域有着越来越广泛而重要的应用。

时至今日，工业机器人在上述领域中可代替人力从事搬运、码垛、焊接、喷涂、装配和等离子切割等劳动强度大且重复定位精度要求高的工作。工业机器人的应用大幅提高了企业自动化生产线的生产效率和产品质量。

企业自动化生产线运行与维护岗位要求应用型本科学生具备自动化生产线组装、调试和工业机器人示教编程等实践操作能力，因此本书分三个项目由浅入深地培养学生在工业机器人仿真、示教编程和自动化生产线调试运行等方面的应用能力。

项目一通过介绍工业机器人工作站的建设，培养学生对工业机器人仿真和离线编程软件 RoboDK3.2 的应用能力。项目二通过对 ABB IRB 120-3/0.6 型机器人完成包装盒的搬运和放置任务的介绍，培养学生在机器人轨迹规划和示教编程方面的应用能力。项目三通过对工业机器人完成物料的自动分拣与装箱任务的介绍，培养学生对工业机器人自动化生产线综合调试的能力。

在本书的编写过程中，主编裴洲奇多次深入瓦房店冶金轴承集团有限公司的轴承加工与包装生产线，与该公司电气控制工程师刘国雨和王大伟等人，就工业机器人技术应用、自动化生产线的运行与维护、物料的自动分拣与装箱等问题展开详细讨论和研究，获取了企业实际生产经验和工业机器人的应用案例，达到了校企合作共同开发本项目化教材的目标。在此，对所有支持本项目化教材编写的企业工程师和技术人员表示衷心的感谢！

本书由大连海洋大学应用技术学院裴洲奇任主编，全书由裴洲奇负责统稿。限于编者水平，书中难免存在一些疏漏和不妥之处，恳请读者提出宝贵的意见和建议。

编　者

2018 年 12 月

目 录

实训项目一　工业机器人仿真和离线编程软件(RoboDK3.2)的应用

1. 实训目的和意义

工业机器人技术广泛应用于智能制造企业的自动化生产中,代替人力从事搬运、码垛、焊接和喷涂等重体力且重复定位要求较高的工作, 极大地提升了企业的生产效率。

工业机器人技术是"中国制造 2025"——高端装备制造业的重要组成部分,并且工业机器人技术及其应用是我国"十二五"和"十三五"发展规划中重点突破的高技术领域。因此在本项目中, 大家首先应该了解工业机器人技术发展的历程和应用的现状。

本项目主要培养学生以小组合作的形式自主下载、安装与应用工业机器人仿真和离线编程软件——RoboDK3.2 的基本能力, 提高学生应用 ABB 小型机器人 IRB120 完成工作站建设的实际操作能力。工业机器人仿真和离线编程软件的最新版本为 RoboDK3.5。

2. 实训项目功能简介

本项目首先引导学生从工业机器人技术应用网站 www.RoboDK.com 下载 32 位或者 64 位工业机器人仿真和离线编程软件——RoboDK3.2。如图 1.1 所示, 在成功安装该软件后, 本项目详细介绍 RoboDK3.2 的基本操作细节, 并利用 ABB 小型机器人 IRB120 及其智能手抓(工具)创建工业机器人工作站。

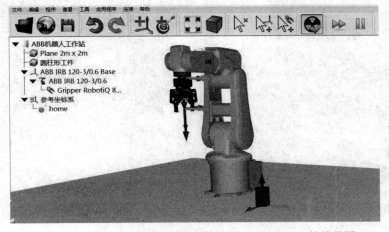

图 1.1　工业机器人仿真和离线编程软件 RoboDK3.2 的效果图

本项目让学生掌握工业机器人仿真和离线编程软件 RoboDK3.2 的基本操作,提高学生工业机器人工作站建设的能力,并培养学生学习工业机器人技术的兴趣。

3. 实训岗位能力目标

(1) 能正确下载、安装与应用工业机器人仿真和离线编程软件——RoboDK3.2。

(2) 能正确应用机器人本体(IRB120)、机器人工具(气动手抓)和圆柱形工件进行机器人工作站的建设(完成基坐标系、工具坐标系和工件坐标系的设置)。

(3) 具备小组合作、自主实现机器人目标点(home 点)规划的能力。

任务 1-1　　了解工业机器人技术发展的历程和现状

子任务 1-1-1　　了解工业机器人技术发展的历程

工业机器人技术自诞生之日起,距今已有近 60 年的发展历史。在过去的半个多世纪时间里,机器人专家针对工业机器人技术的应用在智能化、网络化、标准化和柔性化方面不断创新与改革,逐渐拓宽了工业机器人在高端装备制造业领域的应用。

项目一任务一

(1) 如图 1.2 和图 1.3 所示,20 世纪 50 年代(1954 年),来自美国肯塔基州(Kentucky State, U.S.)的发明家兼电气工程师——乔治·德沃尔(George Devol)领导其机器人研发团队,采用机电一体化技术、交流伺服驱动和减速技术,发明并研制了世界上第一台可用于工业生产的"重复性动作的机械臂",并于 1961 年获得该通用自动化装置的专利权。乔治·德沃尔领导其团队所研制的机械臂被认为是最早期的工业机器人,开创了智能制造技术——工业机器人技术广泛应用的时代。

图 1.2　乔治·德沃尔(1912.02—2011.08)

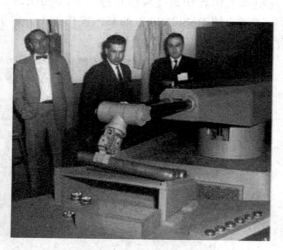

图 1.3　早期重复性动作的机械臂

(2) 如图 1.4 和图 1.5 所示，20 世纪 60 年代，来自美国纽约的企业家兼电气工程师图约瑟夫·恩格尔博格(Joseph Engelberger)领导其科研与创业团队在康涅狄格州的丹伯里市(Danbury City，Connecticut)创立了 Unimation 公司(工业机器人制造企业)。Unimation 公司应用乔治·德沃尔的"工业机械臂"技术专利，生产了世界上第一批用于搬运和码垛的工业机器人——"UNIMATE"。

图 1.4　约瑟夫·恩格尔博格(1925.7—2015.12)　　图 1.5　搬运和码垛工业机器人——"UNIMATE"

　　1961 年，美国通用汽车公司(G.M.)引进了 Unimation 公司的首批工业机器人——"UNIMATE"，主要用于在金属原材料生产线上代替人力从加工模具中取出高温的金属工件。随后数年间，工业机器人陆续应用于焊接、切割、喷涂和黏合等工种，以代替人力劳动，大幅度提高了企业的生产效率。

　　(3) 如图 1.6 和图 1.7 所示，20 世纪 70 年代至 90 年代是工业机器人技术快速发展的时期，由于数字计算机技术的飞速发展，与工业机器人相关的控制器技术、I/O 接口技术和智能传感器技术的研发与应用水平得以迅速提升，机器人初步具备高精度作业的能力。

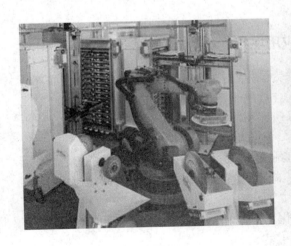 

图 1.6　ABB 机器人完成搬运和打磨　　　　　　图 1.7　YASKAWA 机器人完成装配

这一时期,日本的安川(YASKAWA)和发那科(FANUC)、瑞士和瑞典联合控股的 ABB、德国的库卡(KUKA)及中国的新松(SINSUN)等机器人制造企业迅速发展壮大,各公司的研发机构与创新团队在工业机器人的视觉技术、伺服驱动技术、谐波减速技术以及先进控制算法等方面取得重大突破,其开发的串联四轴和六轴工业机器人在自动化生产线上主要完成搬运、码垛、装配、打磨等生产任务。

(4) 如图 1.8 和图 1.9 所示,21 世纪以来是工业机器人技术蓬勃发展和全面应用的时期,由于互联网技术、物联网技术、射频识别(Radio Frequency Identification,RFID)技术以及智能传感器技术的发展,多传感器分布式控制的精密型机器人越来越多地应用在柔性自动化制造系统中。各公司的大、中型工业机器人可以完成车体和船体的焊接与喷涂、大宗货物的搬运与码垛等工作,小型工业机器人则可以完成定位精度要求较高的半导体芯片加工任务。

图 1.8　FANUC 机器人完成电焊　　　　图 1.9　新松机器人完成搬运和吊装

近十几年来,工业机器人所涉及的驱动技术、减速技术、控制技术和通信技术逐步成熟,工业机器人作为智能制造企业自动化生产线中的核心制造设备,主要从事智能化、柔性化和精密化的生产劳动。

子任务 1-1-2　掌握工业机器人技术的应用现状

20 世纪 90 年代至今,工业机器人技术作为国家高技术研究发展计划的重要组成部分一直备受关注,并持续良好和快速发展的势头。近年来,工业机器人技术成为支撑国家高端装备制造业发展的原动力,工业机器人技术研究和发展的国际合作也日益频繁。现代工业机器人技术的研发和应用呈现出以下特点:

(1) 工业机器人技术的先进性。现代的工业机器人采用开放式模块化控制系统体系结构设计,工业机器人的运动控制器、I/O 控制板、智能传感器、网络通信以及故障诊断与安全维护等技术的发展有长足的进步。如图 1.10 和图 1.11 所示,工业机器人及其成套自动化装备适合于现代制造业企业自动化生产线精细制造、精密加工和柔性生产的需要。

图 1.10 KUKA 机器人汽车装配生产线

图 1.11 MOTORMAN 机器人参与数控加工

(2) 工业机器人技术应用广泛。工业机器人及其自动化成套装备是柔性制造自动化生产线的核心。如表 1.1 所示,工业机器人技术在汽车车体焊接装配及其零配件生产、海港码头智能运输、工程机械、轨道交通、能源开发和军事工程等领域有着重要应用。

值得关注的是:六轴工业机器人以其独有的串联机械结构、较大的臂展、较小的转动惯量(耗能低)以及较高的定位精度,被广泛应用于现代工农业生产中。

表 1.1 工业机器人技术应用领域举例

工业机器人应用领域	工业机器人类型	工业机器人用途
轨道交通	六轴机器人	搬运、码垛
智能物流	AGV 机器人	RFID 物流信息采集
柔性制造	六轴机器人	搬运、码垛、装配
自动化生产线	并联机器人	切割、分拣和包装
整车装配	六轴机器人	智能装配
零配件生产	焊接、喷涂机器人	焊接、喷涂和打磨
能源开发	特种机器人	水下、井下的
	水下机器人	开采、挖掘和排爆
军事工程	运输机器人	物资运输
	勘探机器人	地面和空中军事侦察

总之，工业机器人技术的应用经历了由小型到大型、由简单到复杂、由单一用途到多功能的发展历程。现代智能制造企业的自动化生产线中，工业机器人可以独立完成工作，也可与人或其它机器人协作，组成控制网络，协同工作，在加工精度要求较高、危险或复杂的生产环境中实现柔性制造的生产任务。

子任务 1-1-3 探索工业机器人技术的工程应用

现代智能制造企业中，柔性制造自动化生产线可按照市场和客户提出的产品性能要求，以一定批量、多规格、多品种，灵活调整工业产品的生产任务。工业机器人的应用一方面降低了企业的用工成本，另一方面可以保证柔性制造过程中工业产品的生产质量。

图1.12所示为柔性制造系统中工业机器人工作站创建→目标点轨迹规划→目标点示教编程→机器人生产线联机调试的全过程，这一过程是工业机器人技术应用的基本路线图。

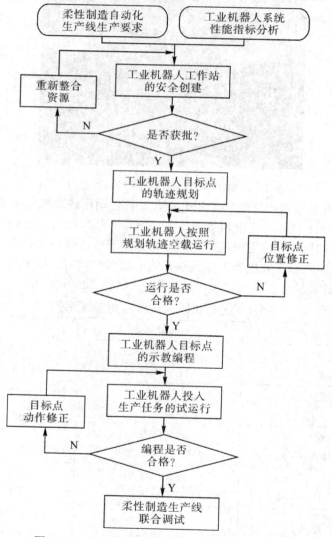

图 1.12　工业机器人技术工程应用的基本路线图

智能工业机器人及其配套的自动化控制装备是柔性制造系统的核心，对于工业机器人技术的工程应用主要包括以下几个重要环节：

1) 工业机器人工作站的创建

按照客户对柔性制造系统的生产和控制要求，结合工业机器人系统的参数性能指标(本体安装方式、工具最大承重、本体作业半径、重复定位精度等)，进行机器人本体、机器人工具和特制工件的选型。以上选型完成后，创建工业机器人工作站，而后对工业机器人工作空间的三大坐标系——基坐标系、工具坐标系和参考坐标系进行坐标定位，以确保工业机器人的工作空间能够安全、完整地覆盖整个生产流程。

2) 工业机器人目标点的轨迹规划

工程技术人员按照工业机器人系统正常完成生产任务的工作流程，在碰撞检测开启的情况下，应对工业机器人进行合理的目标点轨迹规划。轨迹规划的目的是告诉机器人以怎样的路径运行，能安全、顺利地完成生产任务。机器人轨迹规划初步完成后，应该按照轨迹规划(无碰撞)的路径对机器人实施空载试运行，以确保机器人在完成生产任务时不与工作空间发生任何形式的碰撞。

3) 工业机器人目标点的示教编程

工业机器人工作过程中的目标点轨迹规划完成后，工程技术人员可以通过示教器来确定目标点的到达方式(机器人的行进模式，以直线运动和圆弧运动为主)和相应动作(加工动作，以搬运、码垛、电焊、喷涂、装配等为主)。工业机器人编程示教结束后，可以先单机进行生产任务的试运行。若单机试运行调试成功，则工业机器人可与其配套的自动化控制装备(变频调速系统、步进定位系统和智能传感器等)进行联机调试；柔性制造系统最终需要达到生产线自动运行与维护的生产目标。

任务 1-2　RoboDK 的下载、安装和基本操作

任务目标：

(1) 熟悉工业机器人技术应用网站 www.RoboDK.com 的基本设置和主要功能。

(2) 完成工业机器人仿真和离线编程软件 RoboDK3.2 的下载和安装。

(3) 掌握工业机器人仿真和离线编程软件 RoboDK3.2 的基本操作。

项目一任务二

子任务 1-2-1　熟悉工业机器人技术应用网站 www.RoboDK.com

1. 知识储备

如图 1.13 所示，工业机器人技术应用网站 www.RoboDK.com 设立的初衷就是帮助工程技术人员简化从设计工业机器人自动化生产线到安全投产的全过程。

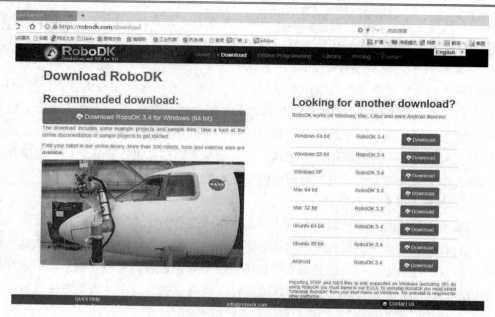

图 1.13　工业机器人技术应用网站 www.RoboDK.com

　　工业机器人技术应用网站 www.RoboDK.com 可为 Windows、Mac 和 Linux 等主流操作系统免费提供 64bit 或 32bit 工业机器人仿真和离线编程软件 RoboDK3.2 的下载(最新版本为 RoboDK3.5)。同时，如图 1.14 所示，该网站以大量工业机器人仿真和离线编程的案例帮助工程技术人员和高校师生开展工业机器人技术应用的研发。

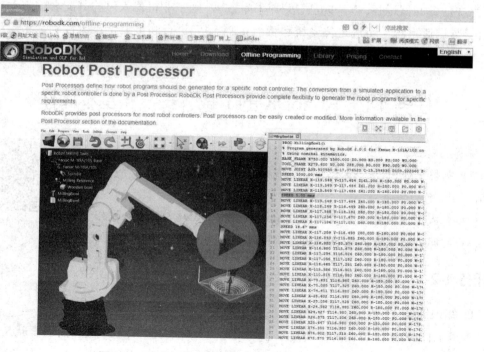

图 1.14　工业机器人技术应用网站提供的应用实例

如图 1.15 所示，工业机器人技术应用网站的元件库主页为 http://robodk.com/library，该网站为工业机器人技术的应用设立专门的 3D 模型库。模型库中包括目前柔性制造自动化生产线常用的 200 余种工业机器人本体(四轴和六轴机器人为主)、智能传感器、自动传送带、机器人工具及工件的 3D 模型，其中工业机器人本体的模型以 ABB、KUKA(库卡)、Comau(柯玛)、FANUC(发那科)、YASKAWA(安川)和 ESTUN(埃斯顿)等品牌为主。工程技术人员可以直观读取各型号机器人的配重、作业半径和定位精度等重要信息。

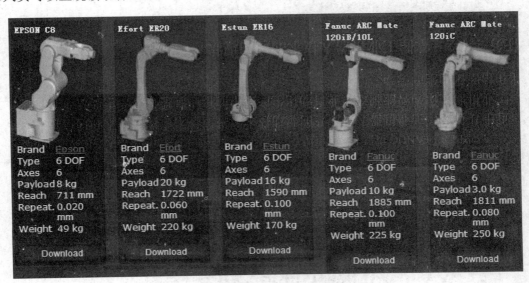

图 1.15　工业机器人技术应用网站提供的 3D 模型库

同时，该网站中文网页为从事工业机器人技术应用的工程技术人员和高校师生提供在线或离线的机器人技术支持，大家可以通过电子邮件或形式丰富的社交媒体与 RoboDK 的机器人工程师进行工业机器人技术应用方面的沟通。

2. 任务实施

在初步了解工业机器人技术应用网站的中文主页后，如图 1.16 所示，我们沿着"工业机器人仿真和离线编程软件下载"→"工业机器人离线编程范例"→"工业机器人仿真和离线编程帮助"→"工业机器人 3D 模型库的应用"的顺序，一起熟悉工业机器人技术应用网站 www.RoboDK.com 的选项卡设置及其主要功能。具体操作流程如表 1.2 所示。

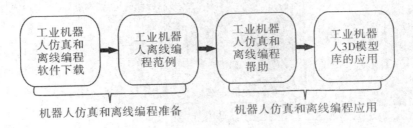

图 1.16　分步熟悉工业机器人技术应用网站的主要功能

表 1.2　分步熟悉工业机器人技术应用网站的选项卡设置及其主要功能

步骤	选 项 卡 设 置	功能应用
第一步	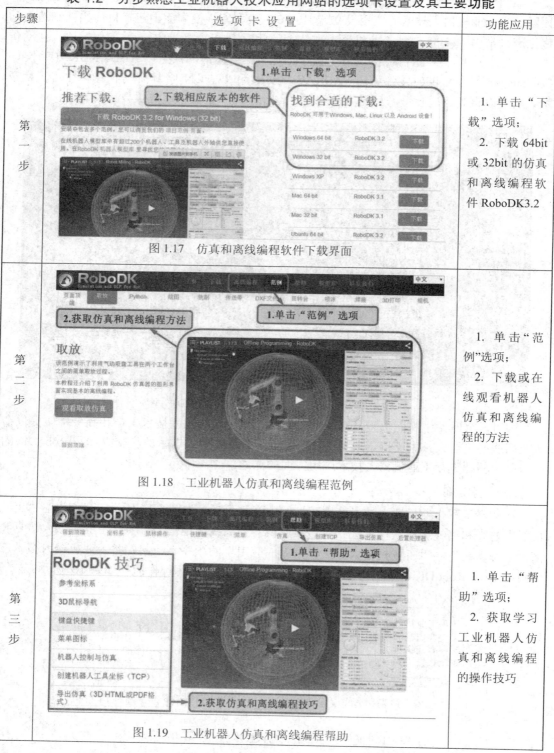图 1.17　仿真和离线编程软件下载界面	1. 单击"下载"选项； 2. 下载 64bit 或 32bit 的仿真和离线编程软件 RoboDK3.2
第二步	图 1.18　工业机器人仿真和离线编程范例	1. 单击"范例"选项； 2. 下载或在线观看机器人仿真和离线编程的方法
第三步	图 1.19　工业机器人仿真和离线编程帮助	1. 单击"帮助"选项； 2. 获取学习工业机器人仿真和离线编程的操作技巧

步骤	选　项　卡　设　置	功能应用
第四步	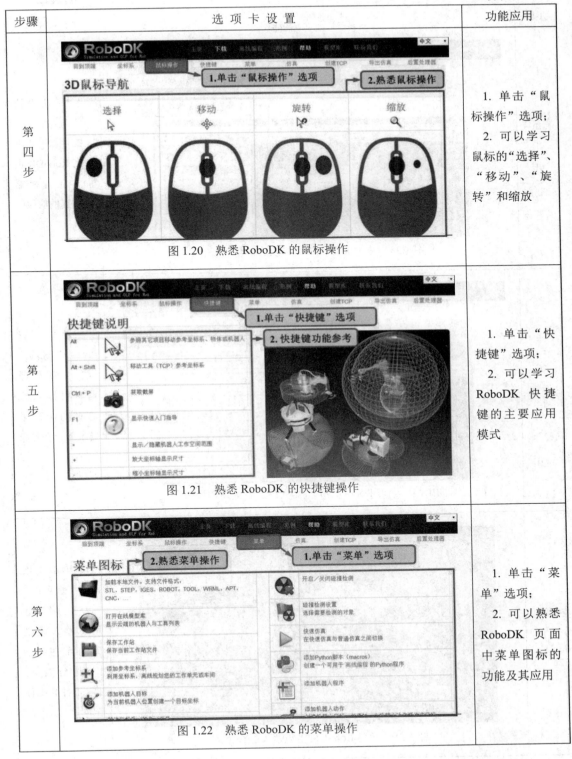图 1.20　熟悉 RoboDK 的鼠标操作	1. 单击"鼠标操作"选项； 2. 可以学习鼠标的"选择"、"移动"、"旋转"和缩放
第五步	图 1.21　熟悉 RoboDK 的快捷键操作	1. 单击"快捷键"选项； 2. 可以学习 RoboDK 快捷键的主要应用模式
第六步	图 1.22　熟悉 RoboDK 的菜单操作	1. 单击"菜单"选项； 2. 可以熟悉 RoboDK 页面中菜单图标的功能及其应用

步骤	选 项 卡 设 置	功能应用
第 七 步	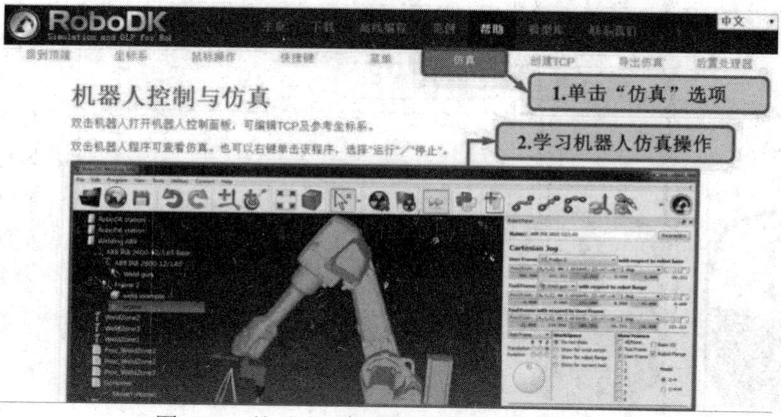 图 1.23　熟悉 RoboDK 中机器人的仿真操作	1. 单击"仿真"选项； 2. 用户可以学习 RoboDK 页面中工业机器人仿真的应用
第 八 步	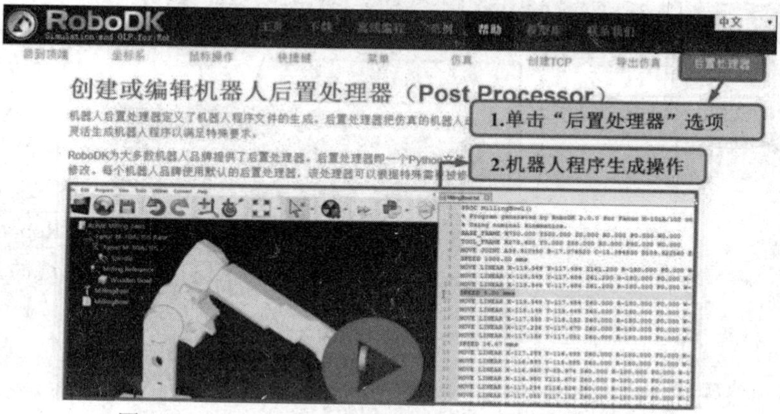 图 1.24　学习 RoboDK 中机器人的后置处理器操作	1. 单击"后置处理器"选项； 2. 后置处理器将机器人的仿真动作直接转化为可执行程序
第 九 步	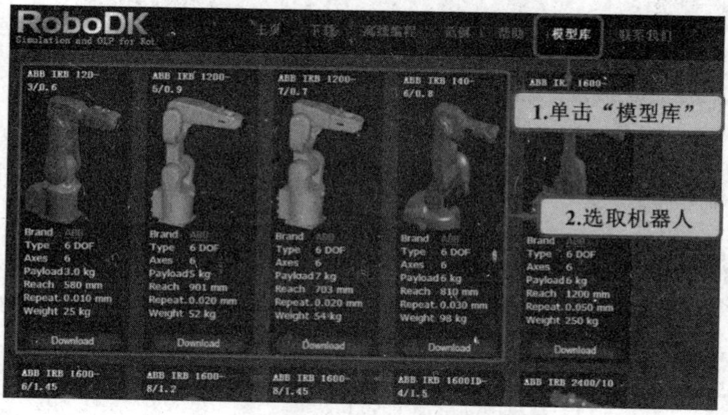 图 1.25　学习 RoboDK 中机器人的模型库	1. 单击"模型库"选项； 2. 了解并选用机器人模型库的元件——工业机器人、工具、工件和工作空间

子任务 1-2-2 完成工业机器人仿真和离线编程软件 RoboDK3.2 的下载和安装

1. 知识储备

1) 工业机器人仿真和离线编程软件 RoboDK3.2 的应用

通过 RoboDK3.2 的 3D 仿真功能——设计和优化工业机器人在柔性制造自动化生产线上完成具体生产任务的动作流程，并在仿真取得满意结果后，通过 RoboDK3.2 的后置处理器(一种 Python 应用程序)将机器人的仿真动作转换为可执行指令代码。工业机器人可以按照预先规划好的轨迹和动作完成特定的生产任务。

2) 32 bit 版 RoboDK3.2 对计算机硬件和软件的具体要求

如表 1.3 所示，按照计算机的主板、显卡和网卡等硬件资源的配置情况和计算机操作系统的安装情况，通常选择运行可靠且仿真还原度较高的 32 bit 版工业机器人仿真和离线编程软件 RoboDK3.2 进行免费下载和安装。

表 1.3 32 bit 版 RoboDK3.2 对计算机硬件和软件的具体要求

仿真和离线编程软件版本	计算机硬件和操作系统	相关配置要求
32bit 版工业机器人仿真和离线编程软件 RoboDK3.2	CPU	酷睿 Core i3 及以上
	内存	DDR 内存，2G 及以上
	硬盘	剩余空间 20G 及以上

3) 64bit 版 RoboDK3.2 对计算机硬件和软件的具体要求

如表 1.4 所示，64bit 版 RoboDK3.2 软件与 32bit 版相比，两者仿真还原度都约为 95%，但 64bit 版对计算机硬件和软件的配置要求较高，且具备更快的仿真速度。

表 1.4 64bit 版 RoboDK3.2 对计算机硬件和软件的具体要求

仿真和离线编程软件版本	计算机硬件和操作系统	相关配置要求
64bit 版工业机器人仿真和离线编程软件 RoboDK3.2	CPU	酷睿 Core i5 及以上
	内存	DDR 内存，4G 及以上
	硬盘	剩余空间 40G 及以上

2. 任务实施

RoboDK3.2 支持柔性制造自动化生产线中多数品牌和型号工业机器人的动作仿真和离线编程。接下来，如表 1.5 所示，我们将从工业机器人技术应用网站的下载界面：http://robodk.com/cn/download 下载并安装 32bit 版 RoboDK3.2 软件。

表 1.5 工业机器人仿真和离线编程软件 RoboDK3.2 的下载与安装任务

步骤	操 作 界 面	功能应用
第一步	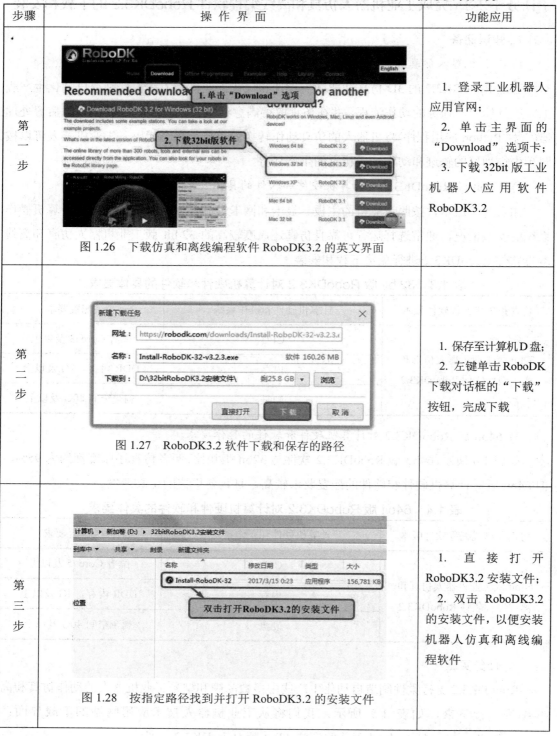 图 1.26 下载仿真和离线编程软件 RoboDK3.2 的英文界面	1. 登录工业机器人应用官网； 2. 单击主界面的"Download"选项卡； 3. 下载 32bit 版工业机器人应用软件RoboDK3.2
第二步	图 1.27 RoboDK3.2 软件下载和保存的路径	1. 保存至计算机 D 盘； 2. 左键单击 RoboDK下载对话框的"下载"按钮，完成下载
第三步	图 1.28 按指定路径找到并打开 RoboDK3.2 的安装文件	1. 直接打开RoboDK3.2 安装文件； 2. 双击 RoboDK3.2的安装文件，以便安装机器人仿真和离线编程软件

续表一

步骤	操　作　界　面	功能应用
第四步	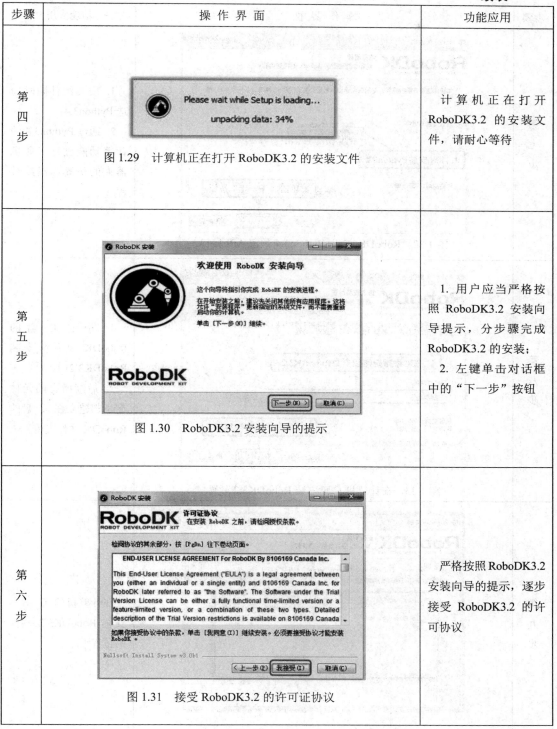图 1.29　计算机正在打开 RoboDK3.2 的安装文件	计算机正在打开 RoboDK3.2 的安装文件，请耐心等待
第五步	图 1.30　RoboDK3.2 安装向导的提示	1. 用户应当严格按照 RoboDK3.2 安装向导提示，分步骤完成 RoboDK3.2 的安装； 　2. 左键单击对话框中的"下一步"按钮
第六步	图 1.31　接受 RoboDK3.2 的许可证协议	严格按照 RoboDK3.2 安装向导的提示，逐步接受 RoboDK3.2 的许可协议

续表二

步骤	操作界面	功能应用
第七步	 图 1.32　RoboDK3.2 为 Python3.4 预留 API 接口	1. 安装组件同时勾选 Python3.4； 2. 通过 Python3.4 的计算功能进行工业机器人的仿真和离线编程
第八步	 图 1.33　在计算机 C 盘安装 RoboDK3.2 软件	1. 指定 C 盘的 RoboDK 文件夹安装 RoboDK3.2； 2. 后续所有的元件库也都建立在 C 盘的 RoboDK 文件夹内
第九步	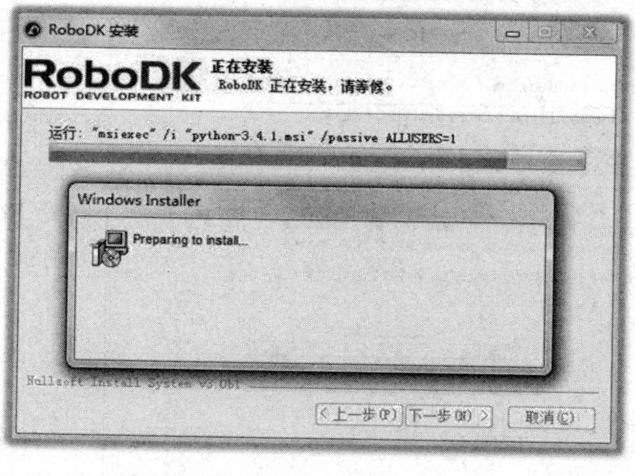 图 1.34　RoboDK3.2 软件正在安装	在计算机的 C 盘上安装 RoboDK3.2 软件的过程

步骤	操 作 界 面	功能应用
第十步	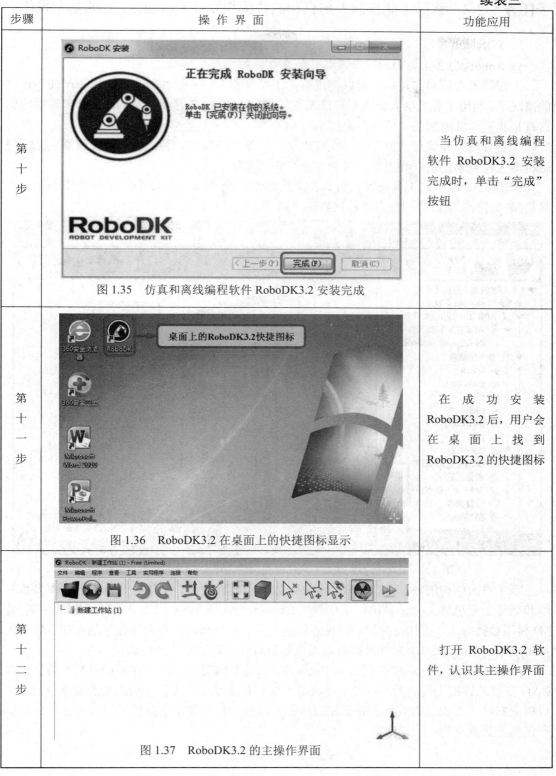图 1.35　仿真和离线编程软件 RoboDK3.2 安装完成	当仿真和离线编程软件 RoboDK3.2 安装完成时，单击"完成"按钮
第十一步	图 1.36　RoboDK3.2 在桌面上的快捷图标显示	在成功安装RoboDK3.2 后，用户会在桌面上找到RoboDK3.2 的快捷图标
第十二步	图 1.37　RoboDK3.2 的主操作界面	打开 RoboDK3.2 软件，认识其主操作界面

子任务 1-2-3　掌握工业机器人仿真和离线编程软件 RoboDK3.2 的基本操作

1. 知识储备

1) RoboDK3.2 主界面的布局及其各组成部分的功能

工程技术人员和高校师生可以在现有的工业机器人——柔性制造自动化生产线不停产的情况下,利用工业机器人仿真和离线编程软件 RoboDK3.2 继续研发机器人技术新的应用,这就是我们常常提到的"仿真与离线编程功能"。

"仿真与离线编程功能"——既可以缩短机器人新技术、新应用的研发周期,又能保证机器人在自动化生产线上投产时的安全性和可靠性。

如图 1.38 所示,工业机器人仿真和离线编程软件 RoboDK3.2 的主界面由菜单栏、工具栏(命令栏)、项目树和仿真展示区四部分组成。

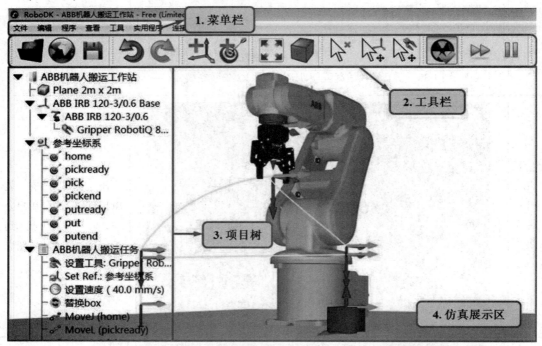

图 1.38　工业机器人仿真和离线编程软件 RoboDK3.2 的主操作界面

该主界面结构清晰、交互性强、仿真效果好且功能全面,支持自动化生产线中多数品牌和型号工业机器人(如:ABB、KUKA、Comau、YASKAWA、FANUC 和 ESTUN 等)的 3D 模型数据导入、工作站建设、目标点轨迹规划、仿真和示教编程等技术的应用。研发人员可以应用 RoboDK3.2 软件进行机器人目标点设计和进行对应程序调试。

如图 1.39 所示,菜单栏规划了 RoboDK3.2 的整体架构,同时可进行最关键的显示和 CAD 参数的详细设置。工具栏为工业机器人仿真和离线编程提供常用命令和网络支持。项目树则归纳了工业机器人仿真和离线编程的全过程。仿真展示区提供了机器人完成特定生产任务的仿真动画。

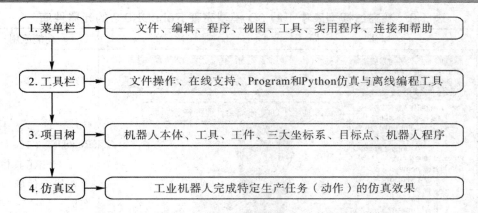

图 1.39 RoboDK3.2 的主操作界面各部分的组成与功能

2) 基于 API(应用程序编程接口)模式的 RoboDK3.2 软件系统的结构与功能

如图 1.40 所示，RoboDK3.2 软件基于 API 模式运作，由工业机器人 3D 模型库、3D 动作库、故障诊断库以及工业机器人 Program 和 Python 仿真/离线编程功能组成。

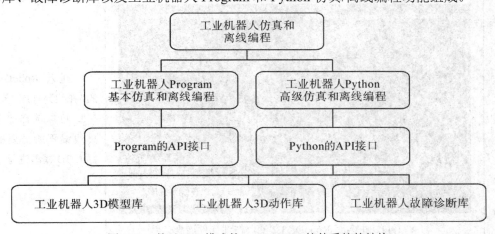

图 1.40 基于 API 模式的 RoboDK3.2 软件系统的结构

(1) Program 基本仿真和离线编程功能——Program 通过专用的 API 接口，调用工业机器人 3D 模型库中的机器人本体、工具和工件 3D 模型，再配以目标点轨迹规划和机器人 3D 动作，在 RoboDK 仿真器的图形用户界面完成机器人的基本仿真和离线编程。

(2) Python 高级仿真和离线编程功能——Python3.4.1(计算机科学计算软件)通过专用的 API 接口，调用工业机器人 3D 模型库中的机器人本体、工具和工件 3D 模型，再配以目标点轨迹规划和机器人 3D 动作的计算机程序，完成机器人的高级仿真和离线编程。

(3) Python 高级仿真和离线编程功能中，计算机编程相对系统化，有利于后期通过 RoboDK3.2 的后置处理器(Post Processor)生成机器人的可执行程序。

2. 任务实施

(1) 表 1.6 所示为从在线模型库中下载机器人系列 3D 模型完善 RoboDK3.2 的元器件库的过程。表 1.7 所示为建立并调试 ABB 机器人工作站的过程，通过该工作站的建设，大家要熟练掌握工业机器人仿真和离线编程软件 RoboDK3.2 的基本操作。

表 1.6 从在线模型库中下载 3D 模型完善 RoboDK3.2 的元器件库

步骤	操 作 界 面	功能应用
第一步	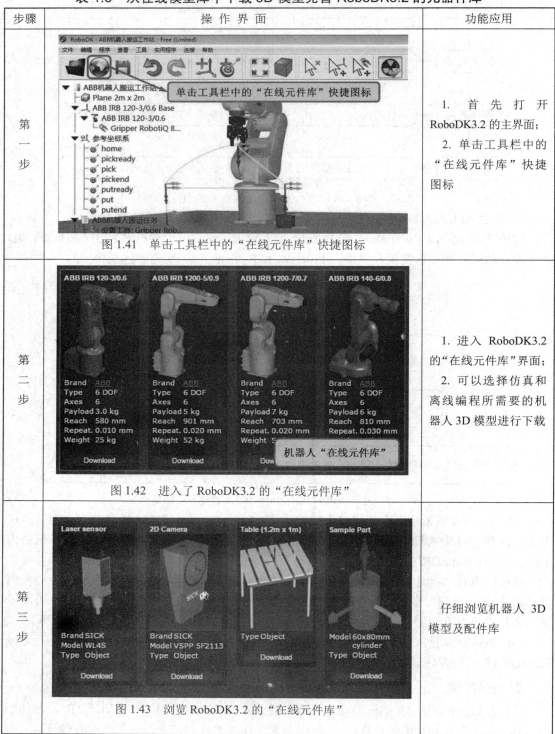图 1.41 单击工具栏中的"在线元件库"快捷图标	1. 首先打开 RoboDK3.2 的主界面; 2. 单击工具栏中的"在线元件库"快捷图标
第二步	图 1.42 进入了 RoboDK3.2 的"在线元件库"	1. 进入 RoboDK3.2 的"在线元件库"界面; 2. 可以选择仿真和离线编程所需要的机器人 3D 模型进行下载
第三步	图 1.43 浏览 RoboDK3.2 的"在线元件库"	仔细浏览机器人 3D 模型及配件库

步骤	操 作 界 面	功能应用
第四步	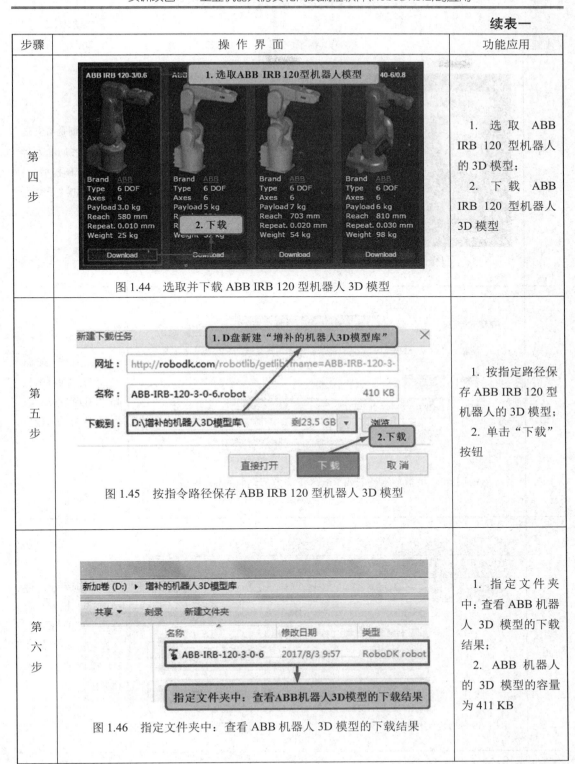 图 1.44 选取并下载 ABB IRB 120 型机器人 3D 模型	1. 选取 ABB IRB 120 型机器人的 3D 模型； 2. 下载 ABB IRB 120 型机器人 3D 模型
第五步	图 1.45 按指令路径保存 ABB IRB 120 型机器人 3D 模型	1. 按指定路径保存 ABB IRB 120 型机器人的 3D 模型； 2. 单击"下载"按钮
第六步	图 1.46 指定文件夹中：查看 ABB 机器人 3D 模型的下载结果	1. 指定文件夹中：查看 ABB 机器人 3D 模型的下载结果； 2. ABB 机器人的 3D 模型的容量为 411 KB

续表二

步骤	操 作 界 面	功能应用
第七步	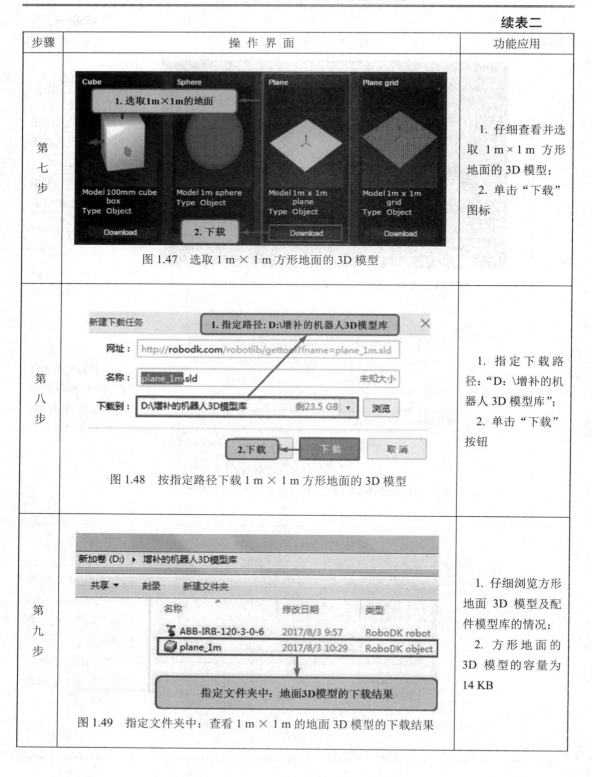图 1.47　选取 1 m × 1 m 方形地面的 3D 模型	1. 仔细查看并选取 1 m × 1 m 方形地面的 3D 模型； 2. 单击"下载"图标
第八步	图 1.48　按指定路径下载 1 m × 1 m 方形地面的 3D 模型	1. 指定下载路径："D:\增补的机器人 3D 模型库"； 2. 单击"下载"按钮
第九步	图 1.49　指定文件夹中：查看 1 m × 1 m 的地面 3D 模型的下载结果	1. 仔细浏览方形地面 3D 模型及配件模型库的情况； 2. 方形地面的 3D 模型的容量为 14 KB

步骤	操作界面	功能应用
第十步	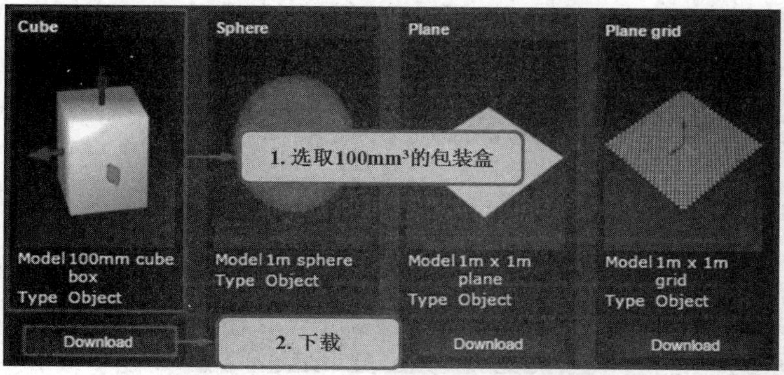 图 1.50　选取 100 mm³ 的包装盒的 3D 模型	1. 仔细查看并选取 100 mm³ 包装盒的 3D 模型; 2. 单击"下载"图标
第十一步	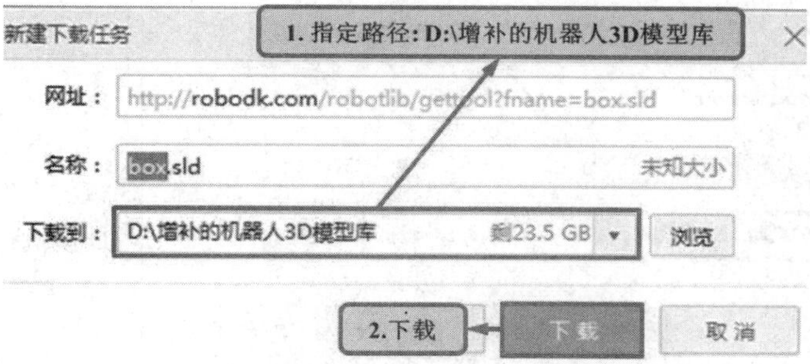 图 1.51　按指定路径下载 100 mm³ 的包装盒的 3D 模型	1. 指定下载路径:"D:\增补的机器人 3D 模型库"; 2. 单击"下载"按钮
第十二步	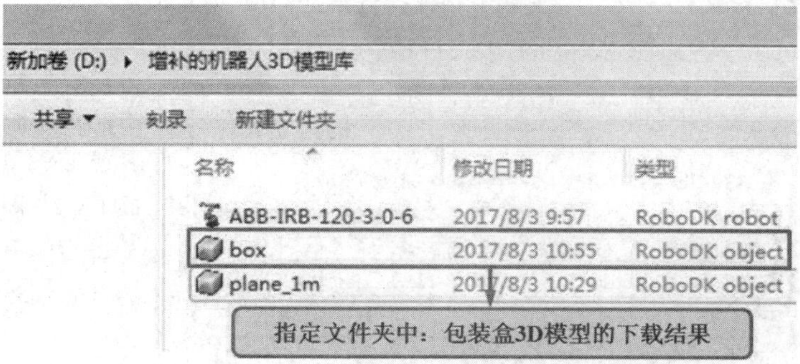 图 1.52　指定文件夹中:查看 100 mm³ 的包装盒的 3D 模型的下载结果	1. 指定文件夹中:查看 100 mm³ 包装盒 3D 模型的下载结果; 2. 包装盒 3D 模型的容量为 14 KB

步骤	操 作 界 面	功能应用
第十三步	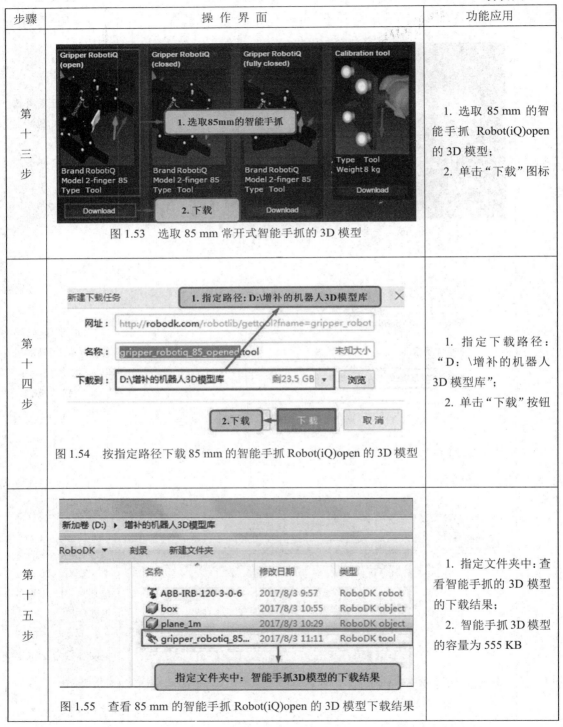图 1.53　选取 85 mm 常开式智能手抓的 3D 模型	1. 选取 85 mm 的智能手抓 Robot(iQ)open 的 3D 模型； 2. 单击"下载"图标
第十四步	图 1.54　按指定路径下载 85 mm 的智能手抓 Robot(iQ)open 的 3D 模型	1. 指定下载路径："D：\增补的机器人 3D 模型库"； 2. 单击"下载"按钮
第十五步	图 1.55　查看 85 mm 的智能手抓 Robot(iQ)open 的 3D 模型下载结果	1. 指定文件夹中：查看智能手抓的 3D 模型的下载结果； 2. 智能手抓 3D 模型的容量为 555 KB

步骤	操 作 界 面	功能应用
第十六步	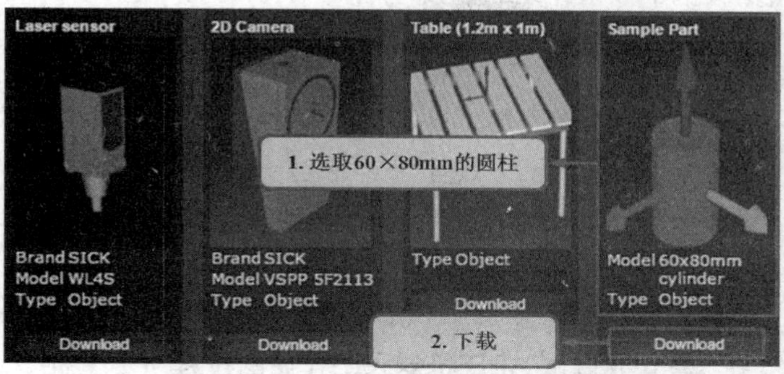 图 1.56 选取 60 × 80 mm 的圆柱的 3D 模型 (圆柱底面直径为 60 mm,高为 80 mm)	1. 仔细查看并选取 60 × 80 mm 圆柱的 3D 模型; 2. 单击"下载"图标
第十七步	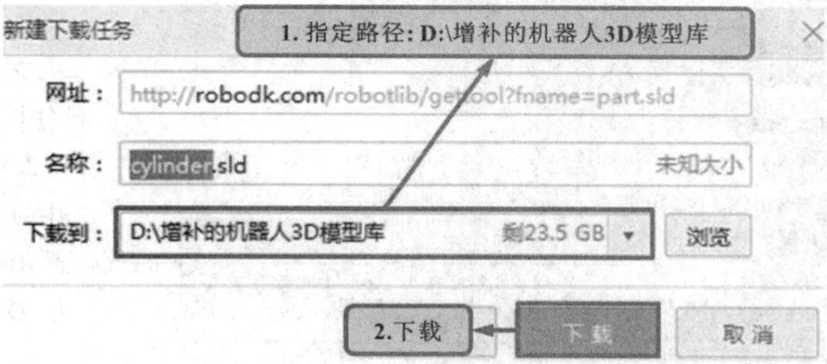 图 1.57 按指定路径下载 60 × 80 mm 的圆柱的 3D 模型	1. 指定下载路径: "D:\增补的机器人 3D 模型库"; 2. 单击"下载"按钮
第十八步	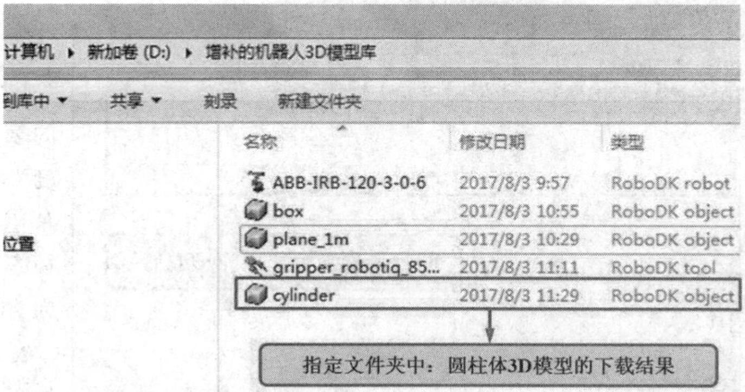 图 1.58 指定文件夹中:查看 60 × 80 mm 圆柱 3D 模型的下载结果	1. 圆柱 3D 模型的容量为 18 KB; 2. 将增补的机器人 3D 模型库复制到"C:\Robo-DK\Library\增补的机器人 3D 模型库"中

(2) 表 1.6 为下载工业机器人本体 ABB IRB120、智能手抓 Gripper Robot iQ(85mm)open、1 m × 1 m 的地面、100 mm^3 的包装盒(box)、60 × 80 mm 的圆柱(cylinder)的 3D 模型的全过程。如图 1.59 所示，为工业机器人的最简工作站的建设过程。

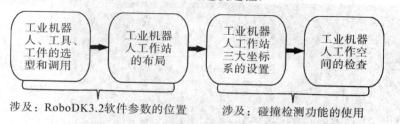

图 1.59　工业机器人工作站的创建流程

表 1.7　建立并调试 ABB 机器人工作站的过程

步骤	操 作 界 面	功能应用
第一步	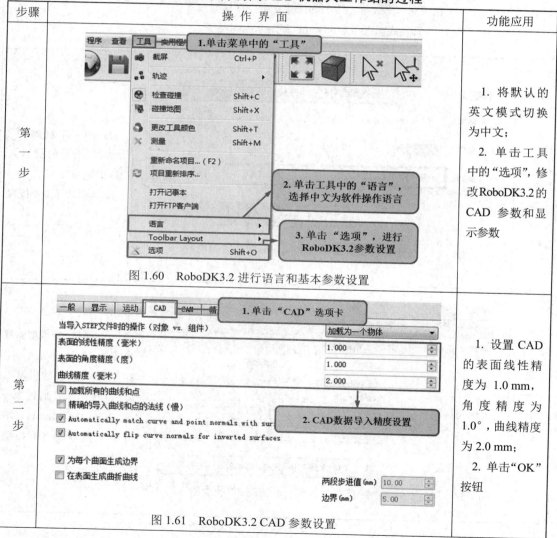 图 1.60　RoboDK3.2 进行语言和基本参数设置	1. 将默认的英文模式切换为中文； 2. 单击工具中的"选项"，修改RoboDK3.2的CAD 参数和显示参数
第二步	图 1.61　RoboDK3.2 CAD 参数设置	1. 设置 CAD 的表面线性精度为 1.0 mm，角度精度为1.0°，曲线精度为2.0 mm； 2. 单击"OK"按钮

续表一

步骤	操　作　界　面	功能应用
第三步	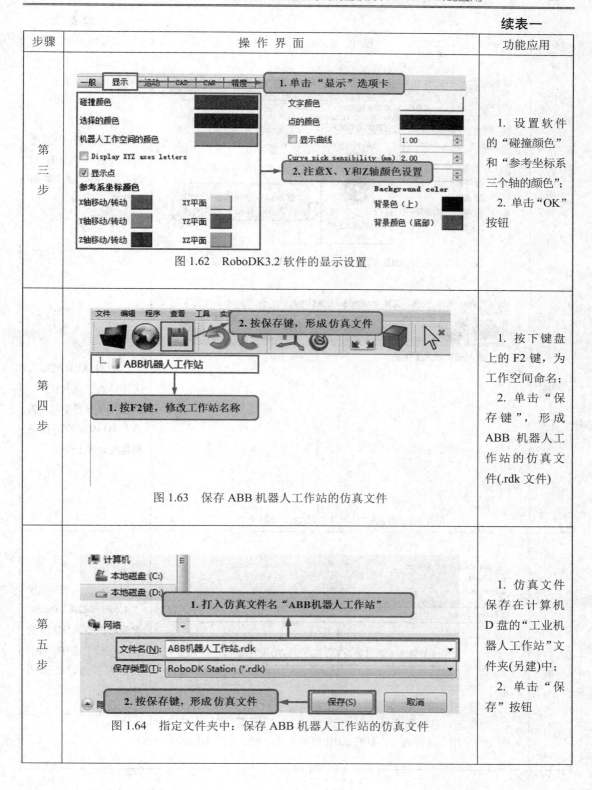图 1.62　RoboDK3.2 软件的显示设置	1. 设置软件的"碰撞颜色"和"参考坐标系三个轴的颜色"; 2. 单击"OK"按钮
第四步	图 1.63　保存 ABB 机器人工作站的仿真文件	1. 按下键盘上的 F2 键,为工作空间命名; 2. 单击"保存键",形成 ABB 机器人工作站的仿真文件(.rdk 文件)
第五步	图 1.64　指定文件夹中:保存 ABB 机器人工作站的仿真文件	1. 仿真文件保存在计算机 D 盘的"工业机器人工作站"文件夹(另建)中; 2. 单击"保存"按钮

续表二

步骤	操 作 界 面	功能应用
第六步	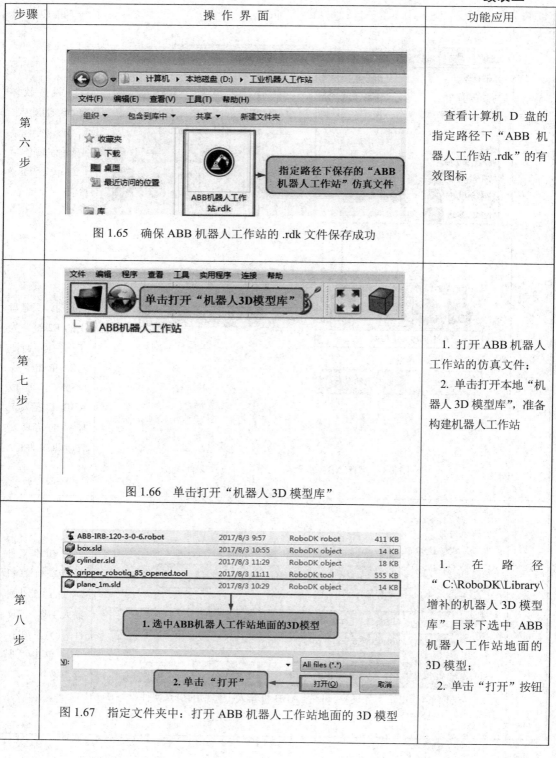图 1.65　确保 ABB 机器人工作站的 .rdk 文件保存成功	查看计算机 D 盘的指定路径下"ABB 机器人工作站 .rdk"的有效图标
第七步	图 1.66　单击打开"机器人 3D 模型库"	1. 打开 ABB 机器人工作站的仿真文件； 　2. 单击打开本地"机器人 3D 模型库"，准备构建机器人工作站
第八步	图 1.67　指定文件夹中：打开 ABB 机器人工作站地面的 3D 模型	1. 在 路 径"C:\RoboDK\Library\增补的机器人 3D 模型库"目录下选中 ABB 机器人工作站地面的 3D 模型； 　2. 单击"打开"按钮

步骤	操作界面	功能应用
第九步	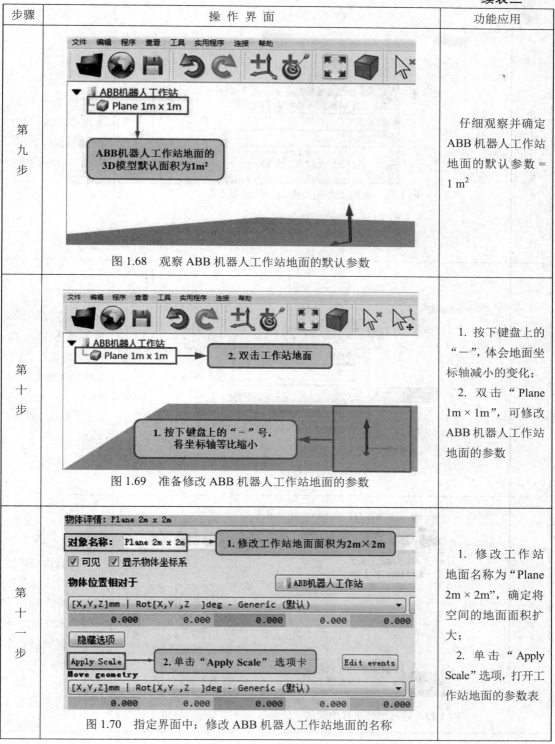	仔细观察并确定ABB机器人工作站地面的默认参数＝1 m²
第十步		1. 按下键盘上的"－"，体会地面坐标轴减小的变化； 2. 双击"Plane 1m×1m"，可修改ABB机器人工作站地面的参数
第十一步		1. 修改工作站地面名称为"Plane 2m×2m"，确定将空间的地面面积扩大； 2. 单击"Apply Scale"选项，打开工作站地面的参数表

图 1.68　观察 ABB 机器人工作站地面的默认参数

图 1.69　准备修改 ABB 机器人工作站地面的参数

图 1.70　指定界面中：修改 ABB 机器人工作站地面的名称

步骤	操 作 界 面	功能应用
第十二步	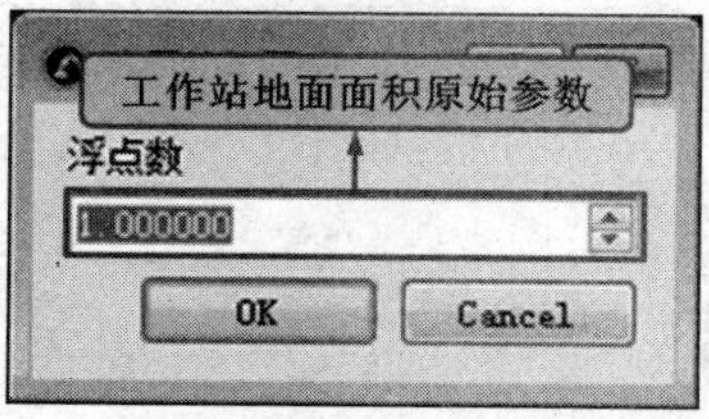 图 1.71　观察工作站地面面积的原始参数	方形工作站地面面积的原始参数(边长)为 1.0，说明地面原始面积为 1 m²
第十三步	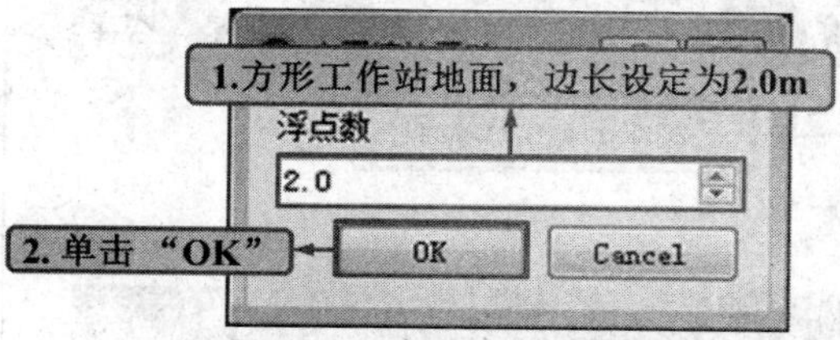 图 1.72　将工作站地面面积的参数修改为 2.0	1. 将方形工作站地面面积的参数(边长)修改为 2.0，说明地面现面积为 4 m²； 　2. 然后单击"OK"按钮
第十四步	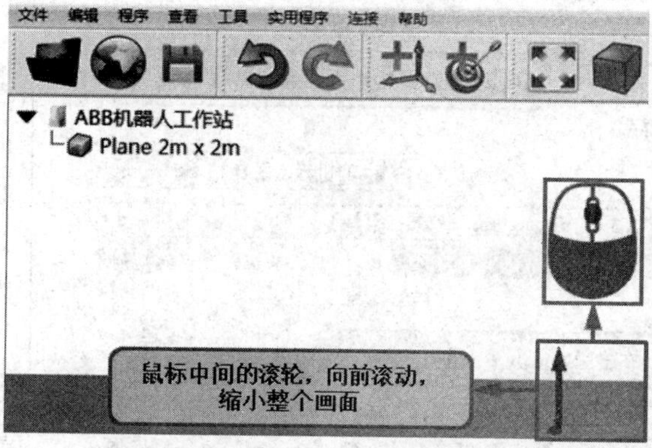 图 1.73　通过滑动鼠标中间的"滚轮"调节工作站的视角	1. 通过滑动鼠标中间的"滚轮"调节工作站的视角； 　2. 注意：及时关闭已经调节完成的元件参数窗口

续表五

步骤	操 作 界 面	功能应用
第十五步	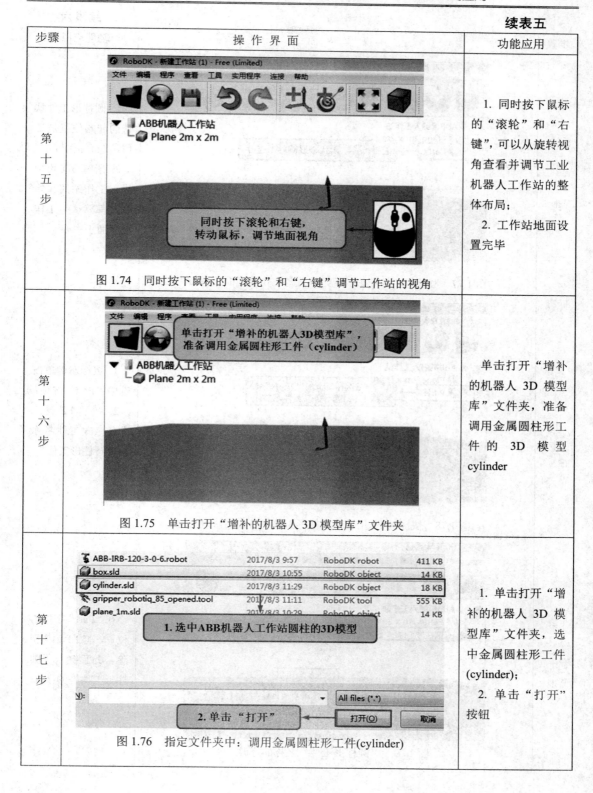图 1.74　同时按下鼠标的"滚轮"和"右键"调节工作站的视角	1. 同时按下鼠标的"滚轮"和"右键"，可以从旋转视角查看并调节工业机器人工作站的整体布局； 2. 工作站地面设置完毕
第十六步	图 1.75　单击打开"增补的机器人 3D 模型库"文件夹	单击打开"增补的机器人 3D 模型库"文件夹，准备调用金属圆柱形工件的 3D 模型 cylinder
第十七步	图 1.76　指定文件夹中：调用金属圆柱形工件(cylinder)	1. 单击打开"增补的机器人 3D 模型库"文件夹，选中金属圆柱形工件(cylinder)； 2. 单击"打开"按钮

步骤	操 作 界 面	功能应用
第十八步	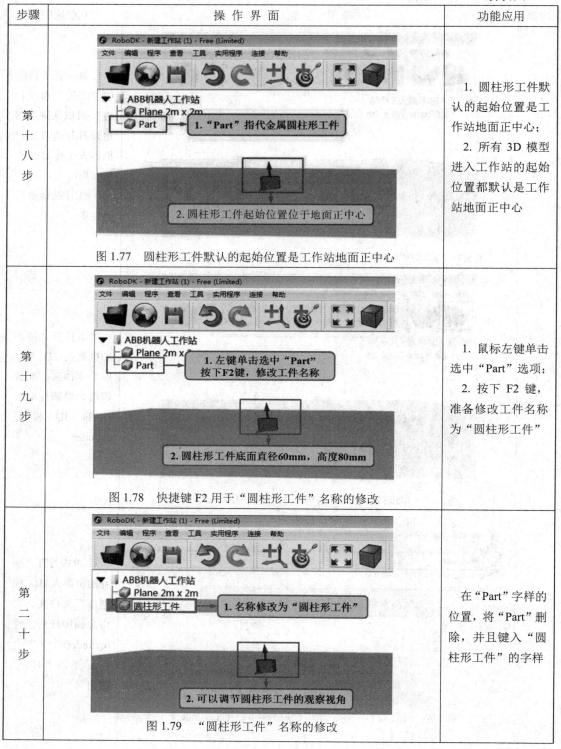 图 1.77　圆柱形工件默认的起始位置是工作站地面正中心	1. 圆柱形工件默认的起始位置是工作站地面正中心； 2. 所有 3D 模型进入工作站的起始位置都默认是工作站地面正中心
第十九步	图 1.78　快捷键 F2 用于"圆柱形工件"名称的修改	1. 鼠标左键单击选中"Part"选项； 2. 按下 F2 键，准备修改工件名称为"圆柱形工件"
第二十步	图 1.79　"圆柱形工件"名称的修改	在"Part"字样的位置，将"Part"删除，并且键入"圆柱形工件"的字样

续表七

步骤	操 作 界 面	功能应用
第二十一步	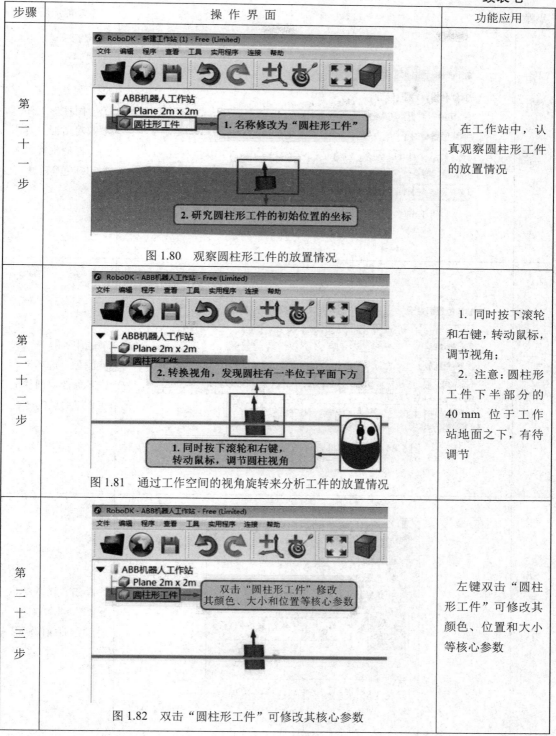 图 1.80 观察圆柱形工件的放置情况	在工作站中，认真观察圆柱形工件的放置情况
第二十二步	图 1.81 通过工作空间的视角旋转来分析工件的放置情况	1. 同时按下滚轮和右键，转动鼠标，调节视角； 2. 注意：圆柱形工件下半部分的 40 mm 位于工作站地面之下，有待调节
第二十三步	图 1.82 双击"圆柱形工件"可修改其核心参数	左键双击"圆柱形工件"可修改其颜色、位置和大小等核心参数

Within the figures:

图 1.80: RoboDK - 新建工作站 (1) - Free (Limited)；文件 编辑 程序 查看 工具 实用程序 连接 帮助；▼ ABB机器人工作站 · Plane 2m x 2m · 圆柱形工件；1. 名称修改为"圆柱形工件"；2. 研究圆柱形工件的初始位置的坐标

图 1.81: RoboDK - ABB机器人工作站 - Free (Limited)；文件 编辑 程序 查看 工具 实用程序 连接 帮助；▼ ABB机器人工作站 · Plane 2m x 2m · 圆柱形工件；2. 转换视角，发现圆柱有一半位于平面下方；1. 同时按下滚轮和右键，转动鼠标，调节圆柱视角

图 1.82: RoboDK - ABB机器人工作站 - Free (Limited)；文件 编辑 程序 查看 工具 实用程序 连接 帮助；▼ ABB机器人工作站 · Plane 2m x 2m · 圆柱形工件；双击"圆柱形工件"修改其颜色、大小和位置等核心参数

步骤	操 作 界 面	功能应用
第二十四步	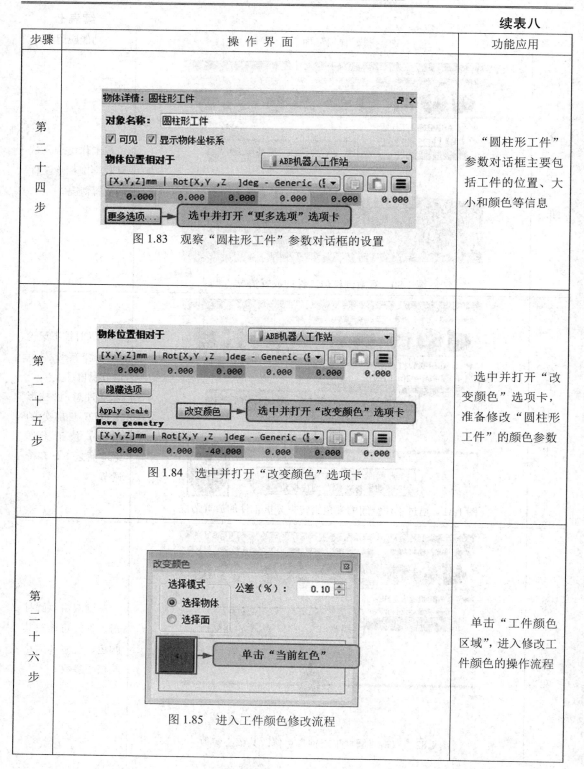图1.83　观察"圆柱形工件"参数对话框的设置	"圆柱形工件"参数对话框主要包括工件的位置、大小和颜色等信息
第二十五步	图1.84　选中并打开"改变颜色"选项卡	选中并打开"改变颜色"选项卡，准备修改"圆柱形工件"的颜色参数
第二十六步	图1.85　进入工件颜色修改流程	单击"工件颜色区域"，进入修改工件颜色的操作流程

步骤	操　作　界　面	功能应用
第二十七步	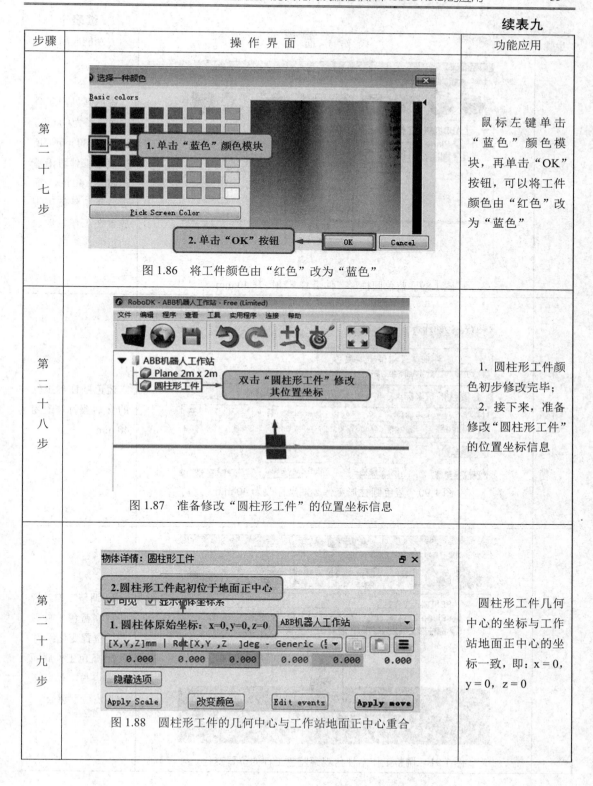 图1.86　将工件颜色由"红色"改为"蓝色"	鼠标左键单击"蓝色"颜色模块，再单击"OK"按钮，可以将工件颜色由"红色"改为"蓝色"
第二十八步	图1.87　准备修改"圆柱形工件"的位置坐标信息	1. 圆柱形工件颜色初步修改完毕； 2. 接下来，准备修改"圆柱形工件"的位置坐标信息
第二十九步	图1.88　圆柱形工件的几何中心与工作站地面正中心重合	圆柱形工件几何中心的坐标与工作站地面正中心的坐标一致，即：x = 0，y = 0，z = 0

步骤	操 作 界 面	功能应用
第三十步	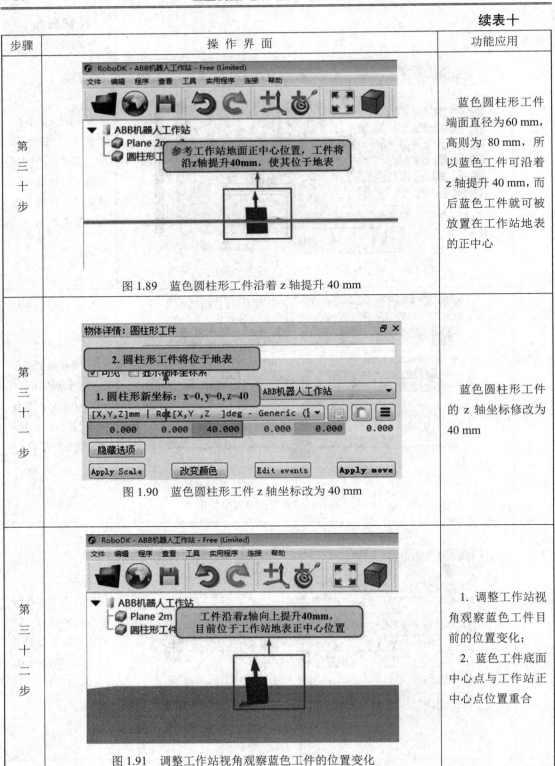	蓝色圆柱形工件端面直径为 60 mm，高则为 80 mm，所以蓝色工件可沿着 z 轴提升 40 mm，而后蓝色工件就可被放置在工作站地表的正中心
第三十一步	图 1.89　蓝色圆柱形工件沿着 z 轴提升 40 mm	蓝色圆柱形工件的 z 轴坐标修改为 40 mm
第三十二步	图 1.91　调整工作站视角观察蓝色工件的位置变化	1. 调整工作站视角观察蓝色工件目前的位置变化； 　2. 蓝色工件底面中心点与工作站正中心点位置重合

图 1.90　蓝色圆柱形工件 z 轴坐标改为 40 mm

步骤	操 作 界 面	功能应用
第三十三步	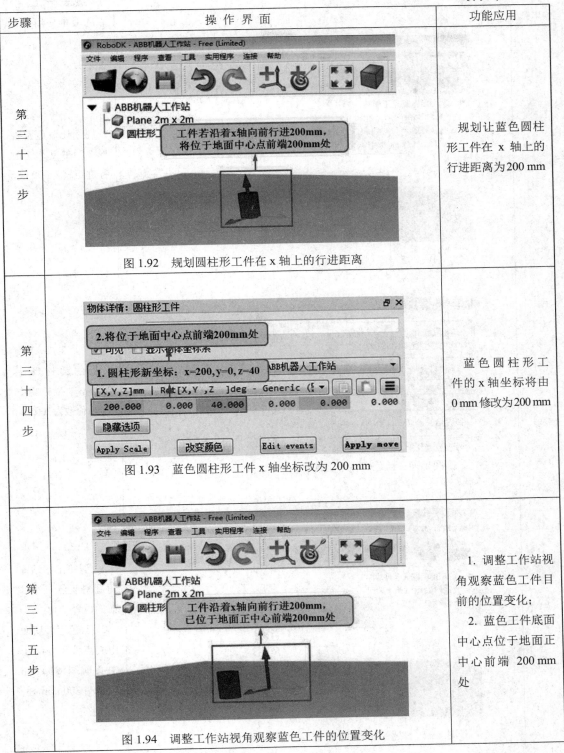图 1.92 规划圆柱形工件在 x 轴上的行进距离	规划让蓝色圆柱形工件在 x 轴上的行进距离为 200 mm
第三十四步	图 1.93 蓝色圆柱形工件 x 轴坐标改为 200 mm	蓝色圆柱形工件的 x 轴坐标将由 0 mm 修改为 200 mm
第三十五步	图 1.94 调整工作站视角观察蓝色工件的位置变化	1. 调整工作站视角观察蓝色工件目前的位置变化； 2. 蓝色工件底面中心点位于地面正中心前端 200 mm 处

续表十二

步骤	操 作 界 面	功能应用
第三十六步	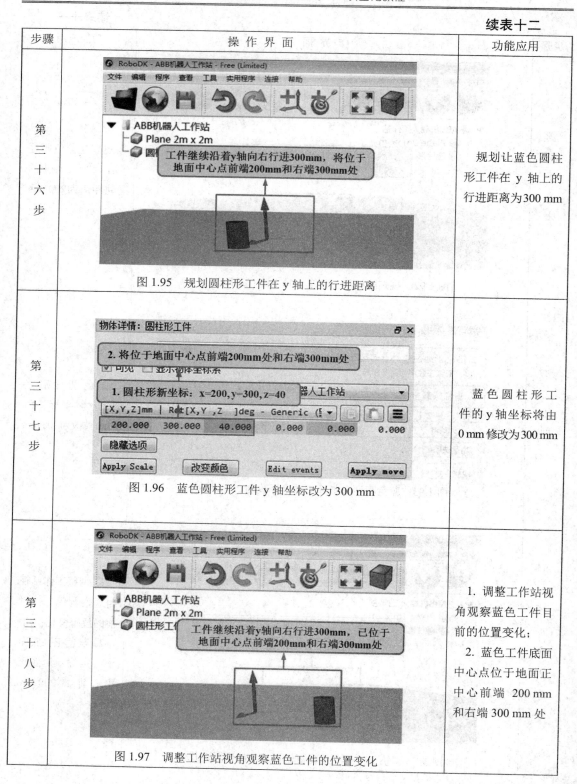图 1.95　规划圆柱形工件在 y 轴上的行进距离	规划让蓝色圆柱形工件在 y 轴上的行进距离为300 mm
第三十七步	图 1.96　蓝色圆柱形工件 y 轴坐标改为 300 mm	蓝色圆柱形工件的 y 轴坐标将由 0 mm 修改为300 mm
第三十八步	图 1.97　调整工作站视角观察蓝色工件的位置变化	1. 调整工作站视角观察蓝色工件目前的位置变化； 2. 蓝色工件底面中心点位于地面正中心前端 200 mm 和右端 300 mm 处

续表十三

步骤	操 作 界 面	功能应用
第三十九步	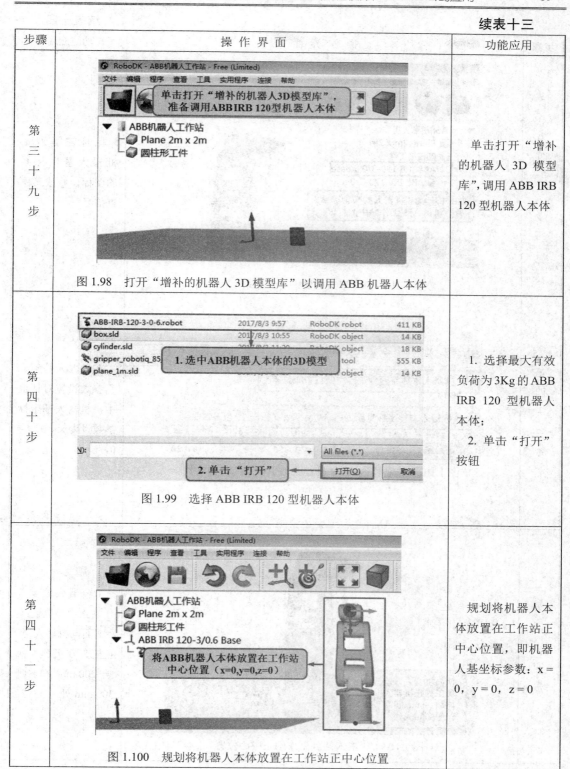图 1.98 打开"增补的机器人 3D 模型库"以调用 ABB 机器人本体	单击打开"增补的机器人 3D 模型库",调用 ABB IRB 120 型机器人本体
第四十步	图 1.99 选择 ABB IRB 120 型机器人本体	1. 选择最大有效负荷为3Kg的ABB IRB 120 型机器人本体; 2. 单击"打开"按钮
第四十一步	图 1.100 规划将机器人本体放置在工作站正中心位置	规划将机器人本体放置在工作站正中心位置,即机器人基坐标参数:x = 0, y = 0, z = 0

步骤	操 作 界 面	功能应用
第四十二步	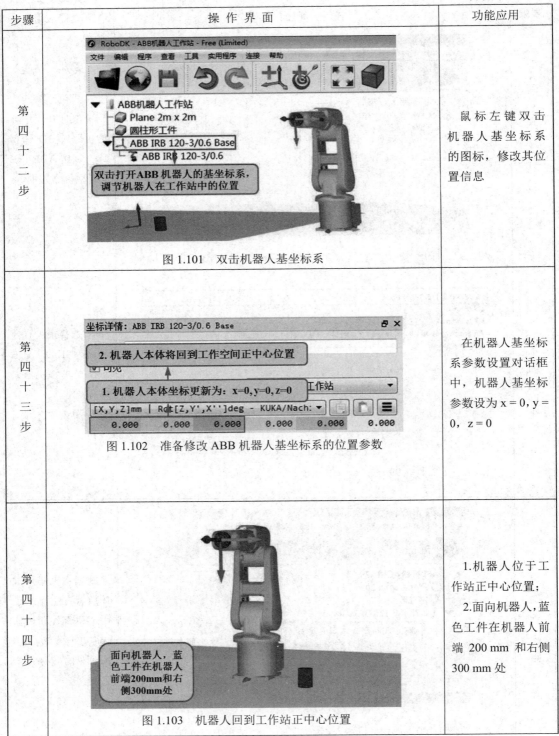图 1.101 双击机器人基坐标系	鼠标左键双击机器人基坐标系的图标,修改其位置信息
第四十三步	图 1.102 准备修改 ABB 机器人基坐标系的位置参数	在机器人基坐标系参数设置对话框中,机器人基坐标参数设为 x = 0, y = 0, z = 0
第四十四步	图 1.103 机器人回到工作站正中心位置	1.机器人位于工作站正中心位置; 2.面向机器人,蓝色工件在机器人前端 200 mm 和右侧 300 mm 处

续表十五

步骤	操 作 界 面	功能应用
第四十五步	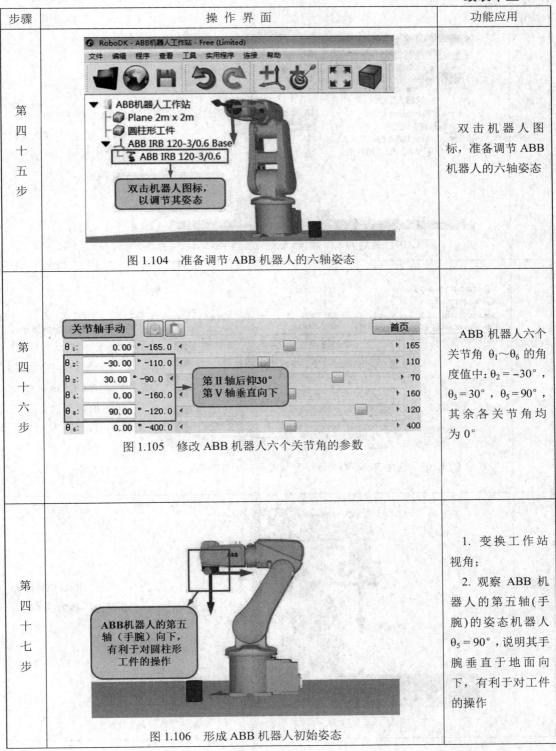图 1.104 准备调节 ABB 机器人的六轴姿态	双击机器人图标,准备调节 ABB 机器人的六轴姿态
第四十六步	图 1.105 修改 ABB 机器人六个关节角的参数	ABB 机器人六个关节角 $\theta_1 \sim \theta_6$ 的角度值中:$\theta_2 = -30°$,$\theta_3 = 30°$,$\theta_5 = 90°$,其余各关节角均为 $0°$
第四十七步	图 1.106 形成 ABB 机器人初始姿态	1. 变换工作站视角; 2. 观察 ABB 机器人的第五轴(手腕)的姿态机器人 $\theta_5 = 90°$,说明其手腕垂直于地面向下,有利于对工件的操作

续表十六

步骤	操 作 界 面	功能应用
第四十八步	 ● RoboDK - ABB机器人工作站 - Free (Limited) 文件　编辑　程序　查看　工具　实用程序　连接　帮助 单击打开"增补的机器人3D模型库"， 准备调用机器人智能手抓 ▼ ABB机器人工作站 　├ Plane 2m x 2m 　├ 圆柱形工件 　▼ ABB IRB 120-3/0.6 Base 　　└ ABB IRB 120-3/0.6 图 1.107　规划为 ABB 机器人安装智能手抓	单击打开"增补的机器人 3D 模型库"文件夹，准备调用机器人智能手抓
第四十九步	ABB-IRB-120-3-0-6.robot　　2017/8/3 9:57　RoboDK robot　411 KB box.sld　　　　　　　　　2017/8/3 10:55　RoboDK object　14 KB cylinder.sld　　　　　　　2017/8/3 11:29　RoboDK object　18 KB gripper_robotiq_85_opened.tool　2017/8/3 11:11　RoboDK tool　555 KB plane_1m.sld　　　　　　　2017/8/3 10:29　RoboDK object　14 KB **1. 选中ABB机器人智能手抓的3D模型** N:　　　　　　　　　　　All files (*.*) **2. 单击"打开"**　　打开(O)　取消 图 1.108　选中 RobotiQ 85mm 型智能手抓的 3D 模型	1. 选中 RobotiQ85mm 型智能手抓； 2. 单击"打开"按钮，将 RobotiQ85mm 型智能手抓作为机器人工具使用
第五十步	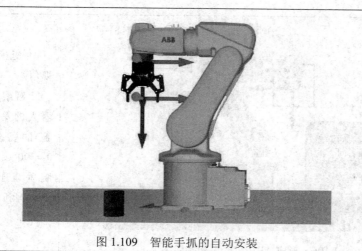 图 1.109　智能手抓的自动安装	引进 RobotiQ85mm 型智能手抓的 3D 模型后，该工具自动安装于机器人本体

续表十七

步骤	操 作 界 面	功能应用
第五十一步	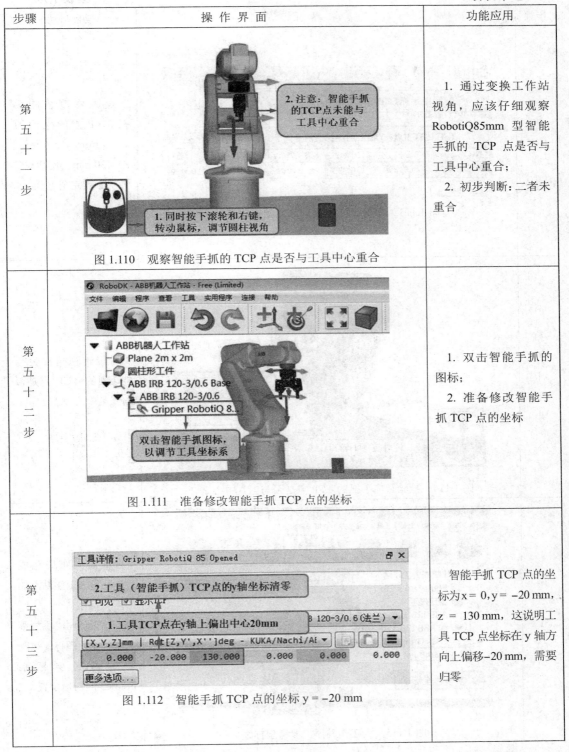　2.注意：智能手抓的TCP点未能与工具中心重合　1.同时按下滚轮和右键，转动鼠标，调节圆柱视角　图1.110　观察智能手抓的TCP点是否与工具中心重合	1. 通过变换工作站视角，应该仔细观察RobotiQ85mm 型智能手抓的 TCP 点是否与工具中心重合；　2. 初步判断：二者未重合
第五十二步	RoboDK - ABB机器人工作站 - Free (Limited)　文件 编辑 程序 查看 工具 实用程序 连接 帮助　▼ ABB机器人工作站　Plane 2m x 2m　圆柱形工件　▼ ABB IRB 120-3/0.6 Base　▼ ABB IRB 120-3/0.6　Gripper RobotiQ 8...　双击智能手抓图标，以调节工具坐标系　图1.111　准备修改智能手抓 TCP 点的坐标	1. 双击智能手抓的图标；　2. 准备修改智能手抓 TCP 点的坐标
第五十三步	工具详情: Gripper RobotiQ 85 Opened　2.工具（智能手抓）TCP点的y轴坐标清零　☑ 可见 ☑ 显示TCP　1.工具TCP点在y轴上偏出中心20mm　□ 120-3/0.6(法兰) ▼　[X,Y,Z]mm │ Rot[Z,Y',X'']deg - KUKA/Nachi/A ▼　0.000　-20.000　130.000　0.000　0.000　0.000　更多选项...　图1.112　智能手抓 TCP 点的坐标 y = -20 mm	智能手抓 TCP 点的坐标为 x = 0, y = -20 mm，z = 130 mm，这说明工具 TCP 点坐标在 y 轴方向上偏移-20 mm，需要归零

步骤	操 作 界 面	功能应用
第五十四步	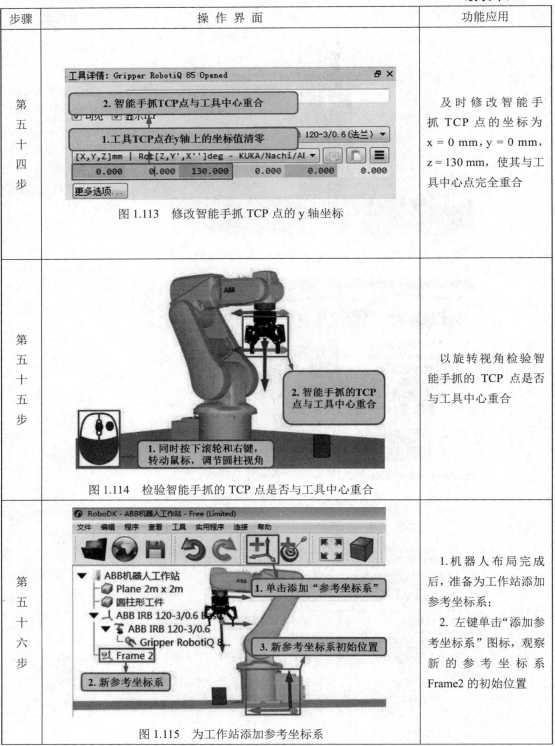 图 1.113　修改智能手抓 TCP 点的 y 轴坐标	及时修改智能手抓 TCP 点的坐标为 x = 0 mm，y = 0 mm，z = 130 mm，使其与工具中心点完全重合
第五十五步	图 1.114　检验智能手抓的 TCP 点是否与工具中心重合	以旋转视角检验智能手抓的 TCP 点是否与工具中心重合
第五十六步	图 1.115　为工作站添加参考坐标系	1.机器人布局完成后，准备为工作站添加参考坐标系； 2. 左键单击"添加参考坐标系"图标，观察新的参考坐标系 Frame2 的初始位置

续表十九

步骤	操作界面	功能应用
第五十七步	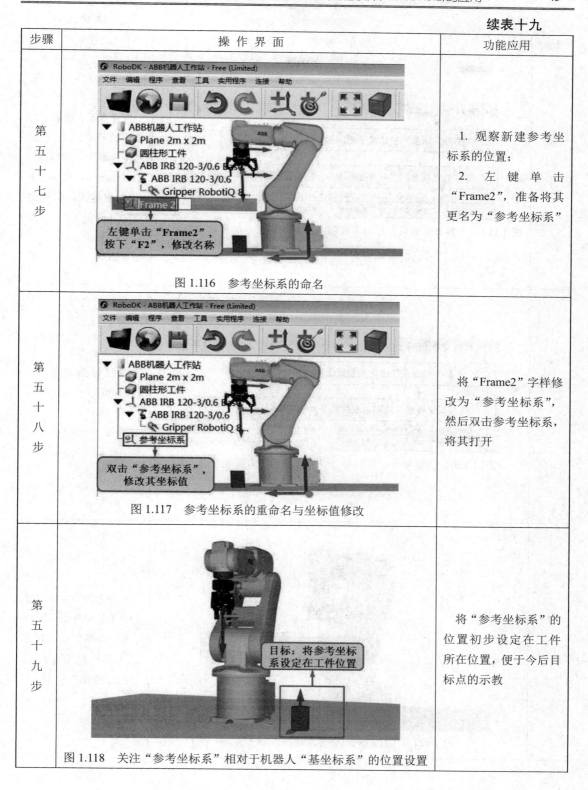 图 1.116　参考坐标系的命名	1. 观察新建参考坐标系的位置； 2. 左键单击"Frame2"，准备将其更名为"参考坐标系"
第五十八步	图 1.117　参考坐标系的重命名与坐标值修改	将"Frame2"字样修改为"参考坐标系"，然后双击参考坐标系，将其打开
第五十九步	图 1.118　关注"参考坐标系"相对于机器人"基坐标系"的位置设置	将"参考坐标系"的位置初步设定在工件所在位置，便于今后目标点的示教

步骤	操 作 界 面	功能应用
第六十步	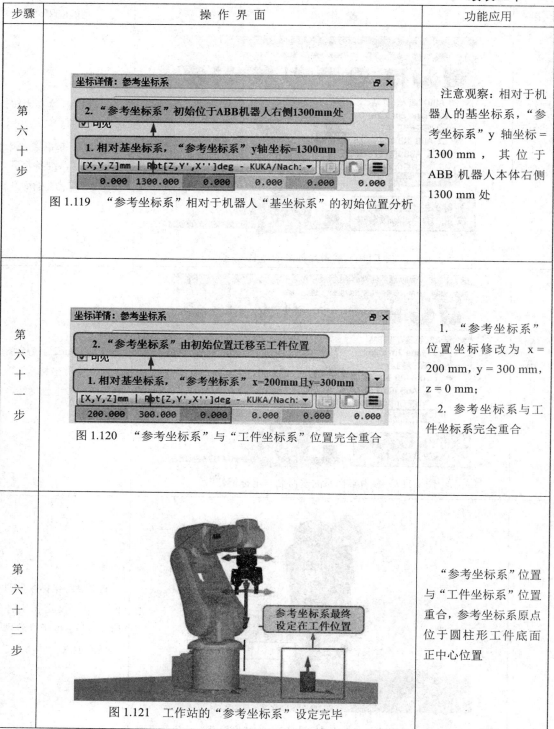 坐标详情：参考坐标系 2. "参考坐标系"初始位于ABB机器人右侧1300mm处 ☑可见 1. 相对基坐标，"参考坐标系"y轴坐标=1300mm [X,Y,Z]mm ∣ Rot[Z,Y',X'']deg - KUKA/Nach： 0.000　1300.000　0.000　0.000　0.000　0.000 图 1.119　"参考坐标系"相对于机器人"基坐标系"的初始位置分析	注意观察：相对于机器人的基坐标系，"参考坐标系"y 轴坐标 = 1300 mm，其位于 ABB 机器人本体右侧 1300 mm 处
第六十一步	坐标详情：参考坐标系 2. "参考坐标系"由初始位置迁移至工件位置 ☑可见 1. 相对基坐标，"参考坐标系"x=200mm且y=300mm [X,Y,Z]mm ∣ Rot[Z,Y',X'']deg - KUKA/Nach： 200.000　300.000　0.000　0.000　0.000　0.000 图 1.120　"参考坐标系"与"工件坐标系"位置完全重合	1. "参考坐标系"位置坐标修改为 x = 200 mm，y = 300 mm，z = 0 mm； 2. 参考坐标系与工件坐标系完全重合
第六十二步	参考坐标系最终设定在工件位置 图 1.121　工作站的"参考坐标系"设定完毕	"参考坐标系"位置与"工件坐标系"位置重合，参考坐标系原点位于圆柱形工件底面正中心位置

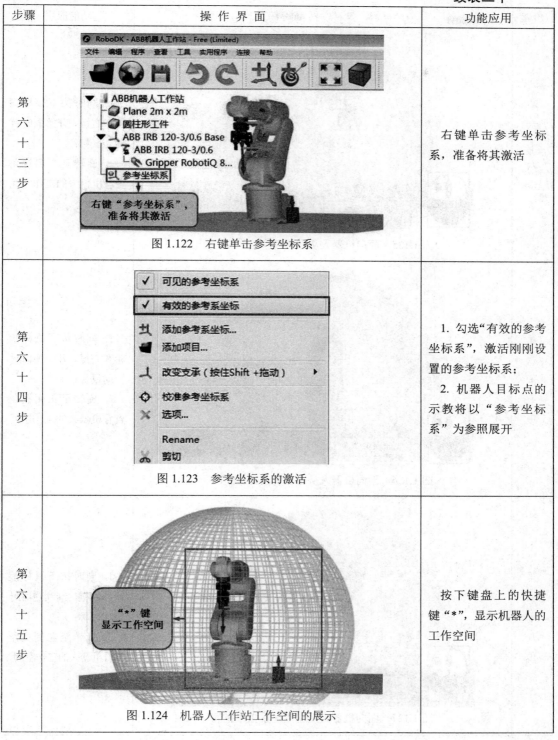

步骤	操 作 界 面	功能应用
第六十三步	图 1.122　右键单击参考坐标系	右键单击参考坐标系，准备将其激活
第六十四步	图 1.123　参考坐标系的激活	1. 勾选"有效的参考坐标系"，激活刚刚设置的参考坐标系； 2. 机器人目标点的示教将以"参考坐标系"为参照展开
第六十五步	图 1.124　机器人工作站工作空间的展示	按下键盘上的快捷键"*"，显示机器人的工作空间

续表二十二

步骤	操 作 界 面	功能应用
第六十六步	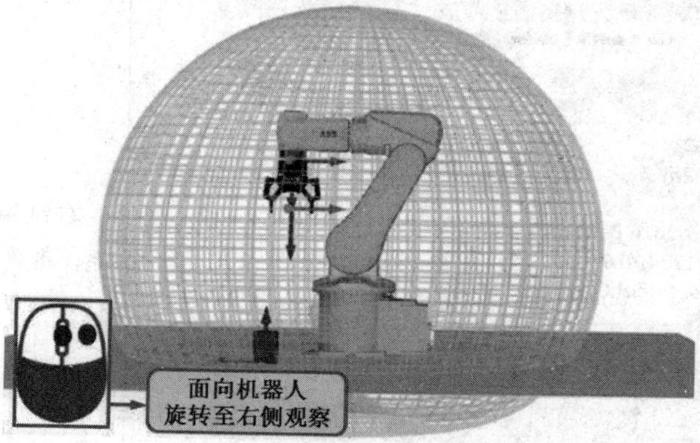 图 1.125　面向机器人从右侧观察工作空间	1. 同时按下鼠标滚轮和右键，开始顺时针转动鼠标； 2. 旋转至右侧视角查看机器人的工作空间
第六十七步	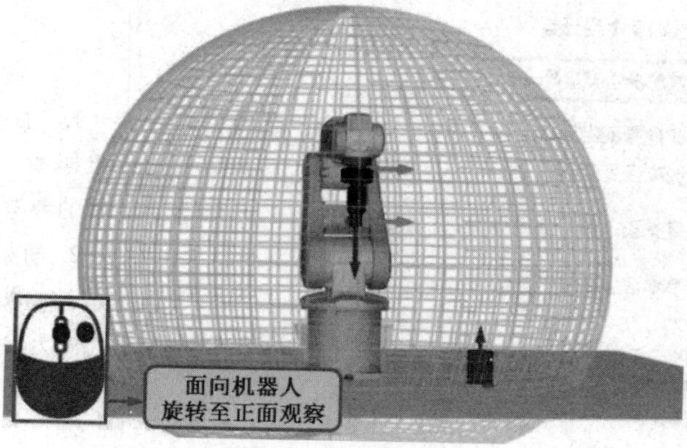 图 1.126　面向机器人从正面观察工作空间	1. 同时按下鼠标滚轮和右键，开始逆时针转动鼠标； 2. 旋转至正面视角查看机器人的工作空间
第六十八步	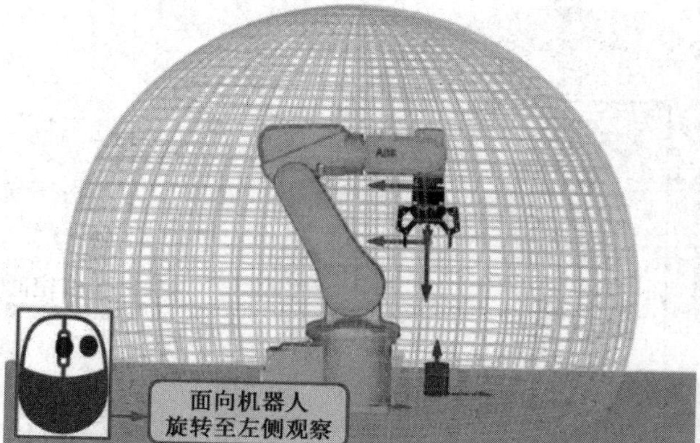 图 1.127　面向机器人从左侧观察工作空间	1. 同时按下鼠标滚轮和右键，继续逆时针转动鼠标； 2. 旋转至左侧视角查看机器人的工作空间

续表二十三

步骤	操 作 界 面	功能应用
第六十九步	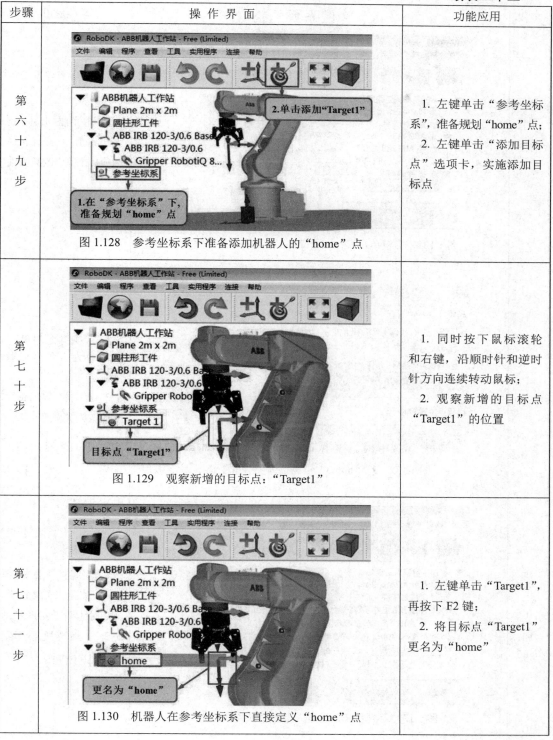图 1.128 参考坐标系下准备添加机器人的"home"点	1. 左键单击"参考坐标系",准备规划"home"点; 2. 左键单击"添加目标点"选项卡,实施添加目标点
第七十步	图 1.129 观察新增的目标点:"Target1"	1. 同时按下鼠标滚轮和右键,沿顺时针和逆时针方向连续转动鼠标; 2. 观察新增的目标点"Target1"的位置
第七十一步	图 1.130 机器人在参考坐标系下直接定义"home"点	1. 左键单击"Target1",再按下 F2 键; 2. 将目标点"Target1"更名为"home"

续表二十四

步骤	操 作 界 面	功能应用
第七十二步	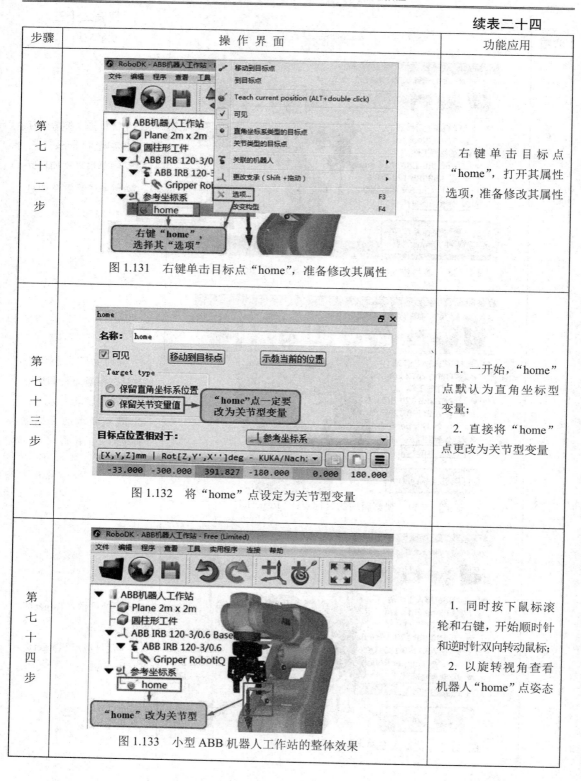图 1.131 右键单击目标点 "home"，准备修改其属性	右键单击目标点 "home"，打开其属性选项，准备修改其属性
第七十三步	图 1.132 将 "home" 点设定为关节型变量	1. 一开始，"home" 点默认为直角坐标型变量； 2. 直接将 "home" 点更改为关节型变量
第七十四步	图 1.133 小型 ABB 机器人工作站的整体效果	1. 同时按下鼠标滚轮和右键，开始顺时针和逆时针双向转动鼠标； 2. 以旋转视角查看机器人 "home" 点姿态

任务 1-2 总结　通过 RoboDK3.2 软件的基本操作建立工业机器人的工作站

1. 创建并调试 ABB 机器人工作站的情况

任务 1-2 首先带领同学们认识了工业机器人技术应用网站 www.RoboDK.com 的基本设置情况，学习了如何使用该网站向工程技术人员提供的下载、离线编程、机器人案例分析、在线帮助和模型库等应用。

然后，本任务引导同学们完成工业机器人仿真和离线编程软件 RoboDK3.2 的下载与安装，并且展示了安装完成后 RoboDK3.2 的主界面。

最后，本任务引领同学们利用 RoboDK3.2 的基本操作完成 ABB 工业机器人工作站的创建和调试(包括机器人"home"目标点的规划)。ABB 工业机器人最简工作站的完成效果如图 1.134 所示。

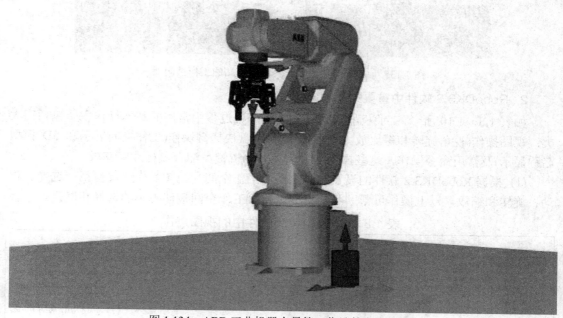

图 1.134　ABB 工业机器人最简工作站的完成效果

在 ABB IRB 120 型工业机器人最简工作站的创建过程中，同学们必须重点掌握以下 RoboDK3.2 软件的基本操作(含工业机器人技术应用网站 www.RoboDK.com 的基本应用技巧)，以确保今后能根据实际生产需要建设更复杂和更全面的机器人工作站。

(1) 根据实际生产需要，进入 RoboDK3.2 的"在线元件库"，对机器人本体、工具、工件及其它配套元件的 3D 模型进行下载，并建立"增补的机器人 3D 模型库"；

(2) 通过 RoboDK3.2 软件菜单栏中工具选项卡对 RoboDK3.2 进行必要的 CAD 数据导入精度设置和显示信息设置，以便让 RoboDK3.2 能够顺畅的运行；

(3) 利用工业机器人本体 ABB IRB120、智能手抓 Gripper Robot iQ(85mm)open、2 m × 2 m 的地面 Plane、60 mm(底面直径) × 80 mm(高)的圆柱(cylinder)等元件的 3D 模型，创建并调试 ABB 机器人最简工作站，ABB 机器人工作空间的检测结果如图 1.135 所示。

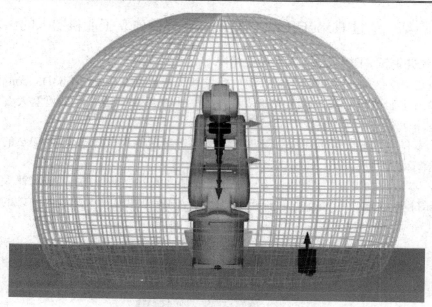

图 1.135　ABB 工业机器人最简工作站的工作空间展示

2. RoboDK3.2 软件中重要的基本操作

如表 1.8～1.10 所示,工业机器人仿真和离线编程过程中常用的基本操作主要包括三大类：视图操作(视角旋转和等比放大与缩小等)、键盘快捷键操作(工作空间展示和 3D 模型名称显示)及常用命令操作，这些操作一般需要计算机键盘配合鼠标才能完成。

(1) 根据 RoboDK3.2 软件的设置，对机器人工作空间的视图操作主要包括：选择、移动、旋转和缩放，以上操作可帮助我们完成机器人工作空间最佳视角的选择和确定。

表 1.8　RoboDK3.2 软件中的视图操作

序号	视 图 操 作	操 作 说 明
1		选择——单击鼠标左键，可以完成对机器人本体、工具、工件等 3D 模型的选择
2		移动——按住鼠标的中间滚轮，沿着前、后、左和右的方向移动鼠标，可以实现 3D 模型的平行移动

续表

序号	视 图 操 作	操 作 说 明
3		旋转——同时按住鼠标的中间滚轮和右键，沿着前、后、左和右的方向移动鼠标，可以实现机器人工作空间视角的变换
4		缩放——前后滚动鼠标的中间滚轮，可以实现机器人工作空间中 3D 模型的缩放

　　(2) 根据 RoboDK3.2 软件的设置，对机器人工作空间的键盘快捷键操作主要包括：坐标轴的放大和缩小、显示/隐藏工作空间和显示/隐藏文本信息等，键盘快捷键操作可帮助我们完成机器人工作空间合理性的分析。一般情况下，为了清晰地观察工作空间设置和机器人工作情况，我们可将工作站内各元件(3D 模型)的名称直接隐去。

表 1.9　　RoboDK3.2 软件中的主要的键盘快捷键操作

序号	键盘快捷键操作	操 作 说 明
1	"+"	"+" —— 放大各坐标系、3D 模型、目标点等对象的坐标轴
2	"—"	"—" —— 缩小各坐标系、3D 模型、目标点等对象的坐标轴
3	"*"	"*" —— 显示/隐藏工业机器人的工作空间
4	"/"	"/" —— 显示/隐藏机器人工作站中对象的文本信息

　　(3) 根据 RoboDK3.2 软件的设置，对机器人工作站的常用命令操作主要包括：加载本地文件、机器人在线库、保存仿真文件、添加坐标系、添加目标点、开启/关闭碰撞检测等，研发人员可方便地从工具栏的"常用命令窗口"快速调用——直线、弧线及关节运动指令，常用命令操作可帮助我们完成工业机器人的仿真和离线编程。

表 1.10　　RoboDK3.2 软件中常用的命令操作

序号	常用命令操作	操 作 说 明
1		打开本地文件——向工作站添加机器人、工具和工件等 3D 模型
2		机器人在线库——工业机器人技术应用网站提供的在线支持

序号	常用命令操作	操 作 说 明
3		保存——保存机器人当前工作站的模型
4		添加参考坐标系——为机器人、工具和工件等对象添加参考坐标系
5		添加目标点—— RoboDK3.2 可以为机器人的轨迹规划添加目标点
6		碰撞检测——机器人轨迹规划和示教编程中的碰撞检测
7		添加程序——机器人轨迹规划完成后，可建立仿真程序
8		添加关节运动指令——根据目标点为机器人添加关节运动指令
9		添加直线运动指令——根据目标点为机器人添加直线运动指令
10		添加弧线运动指令——根据目标点为机器人添加弧线运动指令
11		添加等待指令——根据机器人的动作添加等待指令

任务 1-3　　大学生要践行创新精神和工匠精神

任务目标：

(1) 了解詹姆斯·哈格里夫斯(James Hargreaves)的创新经历。

(2) 了解詹姆斯·哈格里夫斯(James Hargreaves)的创新成就和工匠精神。

(3) 应用本科学生践行创新精神和工匠精神。

子任务 1-3-1　　詹姆斯·哈格里夫斯(James Hargreaves)的创新经历

如图 1.136 和 1.137 所示，詹姆斯·哈格里夫斯(James Hargreaves)于 1764 年所发明的"珍妮纺纱机"是当时世界上首台由一个机械纺轮带动八个竖直纱锭的机械纺纱机，其工作效率等同于当时普通手工纺纱机的 8 倍，适用于棉、麻和羊毛等动植物纤维的纺纱。

图 1.136　詹姆斯·哈格里夫斯(1721—1778)　　　　图 1.137　早期的"珍妮纺纱机"(Spinning Jenny)

如图 1.138 所示为单纱锭纺纱机的工艺。如图 1.139 所示，由于"珍妮纺纱机"的推广，当时英国国内纺织行业中纱锭的生产效率得以大幅提高，纱锭产品的数量大幅增多，并且质量也大幅提升。

但是，"珍妮纺纱机"的逐渐推广也导致当时英国部分传统纺纱手工业者的失业，并且使原本价格相对较高的纱锭出现价格下滑，因此"珍妮纺纱机"遭到当时英国部分纺织工会和纺纱手工业者的反对和恶意攻击，这给 James Hargreaves 夫妇的正常生产和生活带来极大的困难。

图 1.138　单纱锭纺纱机的工艺

图 1.139　多纱锭的"珍妮纺纱机"的应用

　　然而，就是在这种艰苦的条件下，James Hargreaves 夫妇根据纺纱实际生产的需要，坚持对"珍妮纺纱机"的动力系统和控制系统进行数次技术创新与改进，并且在 1770 年终于取得"珍妮纺纱机"的专利权。

　　到了 1784 年，"珍妮纺纱机"(Spinning Jenny)最多一次可安装 80 个纱锭，属于典型的大型蒸汽动力纺纱机械。截至 1788 年，英伦三岛的纺织行业中已经拥有超过两万台"珍妮纺纱机"从事纱锭生产。

　　"珍妮纺纱机"的创新与推广过程告诉我们：无论任何时代，先进技术是推动生产力发展的重要原动力，任何有助于人类生产效率提升的先进技术，其创新与推广都具有非常重要的意义。

子任务 1-3-2　詹姆斯·哈格里夫斯(James Hargreaves)的创新成就和工匠精神

　　青年时期的詹姆斯·哈格里夫斯留心观察各种机械设备的应用，苦心钻研纺织工艺与技术，他同时是一位手艺高超的木匠，这些为他成功发明"珍妮纺纱机"奠定了良好的基础。

　　中年时期的詹姆斯·哈格里夫斯精通纺织机械的工作原理和设计方法，熟练掌握纺纱机械的操作与维护技能，并且能够把握人工纺纱机器最佳的技术创新与改进时机，利用工业 1.0(第一次工业革命)时代最为先进的蒸汽动力技术、纺轮传动技术，循序渐进地完成"珍妮纺纱机"的技术创新与改造，这些都体现了詹姆斯·哈格里夫斯的创新精神和工匠精神。

　　詹姆斯·哈格里夫斯在艰苦的环境中坚持开展"珍妮纺纱机"的创新与应用工作，直到取得专利，他身上的创新精神和工匠精神值得我们学习。

图 1.140　工业化"珍妮纺纱机"的应用

如图 1.140 所示，18 世纪末，"珍妮纺纱机"的应用和推广被视为人类工业革命史上第一次工业革命(工业 1.0 时代)的开端，"珍妮纺纱机"实现了当时纺纱工业的机械化和标准化生产，有效扩大了纺织工业的生产规模，使得纺织工业中纱线的生产质量得到技术性保障，并且首次将人类的双手从直接参与的生产劳动中"解放"出来，实现了人类在物质生产领域的一次巨大飞跃。

子任务 1-3-3　应用本科学生践行当代创新精神和工匠精神

与詹姆斯·哈格里夫斯(James Hargreaves)所处的"工业 1.0 时代"类似，如今的应用本科自动化专业学生正处于"工业 4.0"和"中国制造 2025"的重要历史时期。

应用本科自动化专业学生未来在就业时，很可能会遇到工业化、自动化和智能化水平更高的工业机器人自动化生产线的组装、运行与维护等方面的操作和技术问题。

如图 1.141 和 1.142 所示，广大同学应该践行新时期的创新精神和工匠精神，将自身专业知识的学习和实践技能的训练与企业智能制造生产岗位对应用型人才——在职业素养、实践操作能力和创新创业能力等方面的需求相结合，努力提升自身的智能装备操控能力、工业机器人编程示教能力以及自动化创新能力。

图 1.141　机器人完成大型工件的焊接　　　图 1.142　机器人完成金属工件的冲压

1. 践行工匠精神

从自动化专业基本技能到专项技能，同学们应认真钻研应用电子芯片、嵌入式控制器(16 位或 32 位)、PLC、变频器和伺服驱动器等自动控制设备的操作与维护技能，同时具备熟练完成工业机器人编程示教的能力，将"大国工匠精神"发扬光大，努力做到——干一行，钻一行，爱一行，并且努力践行"社会主义核心价值观"。

2. 践行创新精神

创新是科技发展和民族振兴的原动力，广大自动化专业的同学应该运用自身具备的智能控制设备的操控能力，根据实际生产的需要，完成自动控制技术应用方面的创新，为提高柔性制造自动化生产线的生产能力和适应能力做出应有的贡献。

党的十九大报告中提出——要"加快建设制造强国，加快发展先进制造业，推动互联网、大数据、人工智能和实体经济深度融合。"在"习近平新时代中国特色社会主义思想"的指引下，自动化专业的师生应当把握国内目前——"智能制造产业升级和经济转型"的历史机遇，紧紧围绕自动化生产线运行、工业机器人技术应用、制造企业 ERP 系统应用和现场总线技术应用等核心技能进行科研攻关和专业技能培养。

任务 1-4　　工业机器人课后实训练习一

任务目标：

下载并创建一个半径为 40 mm 的球形工件(Sphere_40mm.sld)的 3D 模型，然后以指定路径调用 ABB 工业机器人本体 ABB IRB 120、智能手抓 Gripper Robot iQ(85mm)open、2 m × 2 m 的地面、半径为 40 mm 的球形工件(Sphere_40mm.sld)的 3D 模型，创建一个 ABB 机器人的最简工作站。

子任务 1-4-1　创建一个半径为 40mm 的球形工件

项目一任务四-子任务 1

(1) 登录工业机器人技术应用网站：http://robodk.com/cn/library，下载一个默认半径为 867 mm 的球形工件 (Sphere_1m.sld)，并以"C:\RoboDK\Library\增补的机器人 3D 模型库"的路径保存好该文件，注意：RoboDK3.2 中所有工件的 3D 模型均以 .sld 文件形式保存；

(2) 首先打开 RoboDK3.2 软件，调用如图 1.143 所示的球形工件(Sphere_1m.sld)，并缩小其半径至 40 mm(如图 1.144 所示)，然后用 Sphere_40mm.sld 作为文件名，通过"C:\RoboDK\Library\增补的机器人 3D 模型库"的路径保存好该新建球形工件。

图 1.143　球形工件下载

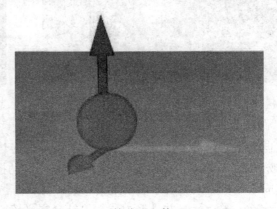

图 1.144　40 mm 的球形工件(Sphere_40mm.sld)

子任务 1-4-2　创建工业机器人和球形工件的工作站

(1) 打开 RoboDK3.2 软件，以"C:\RoboDK\Library\增补的机器人 3D 模型库"的路径在本地计算机里调用：ABB 工业机器人本体 ABB IRB 120、智能手抓 Gripper Robot iQ(85mm)open、2 m × 2 m 的地面、半径为 40 mm 的球形工件(Sphere_40mm.sld)的 3D 模型，创建 ABB 机器人和球形工件的最简工作站；(注意：球形工件 Sphere_40mm.sld 最终的位置坐标为 x =

项目一任务四-子任务 2

200 mm、y = 300 mm、z = 40 mm)

(2) 在 RoboDK3.2 环境中，设置 ABB 机器人工作站的基坐标系、工具坐标系和参考坐标系的具体参数，确定机器人的"home"点(关节型变量)，形成如图 1.145 所示的 ABB 机器人的最简工作站，并初步检查该工作站的工作空间设置是否合理。

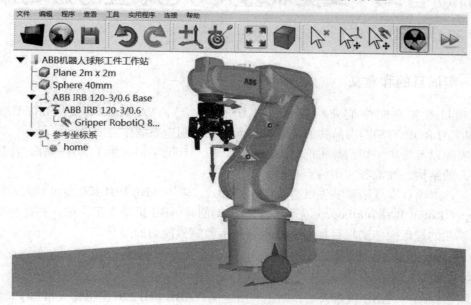

图 1.145 ABB 机器人和球形工件的最简工作站

实训项目二　工业机器人对包装盒的搬运操作

1. 实训目的和意义

本项目首先向同学们介绍 ABB、KUKA(库卡)、YASKAWA(安川)和 UR(优傲 UNIVERSALROBOTS)四大品牌的工业机器人在柔性制造系统中完成搬运、码垛、装配、焊接、喷涂以及等离子切割等生产任务的实际应用，让同学们初步了解各品牌、各型号工业机器人的结构、性能和应用特点。

然后，本项目重点培养学生以小组合作的形式，采用 ABB IRB 120 型机器人、智能手抓 Gripper Robot iQ(85mm)open 以及包装盒(Box)创建 ABB 机器人工作站，并针对机器人完成包装盒的搬运操作实现目标点轨迹规划和示教编程能力的提升。

2. 实训项目功能简介

如图 2.1 所示，ABB 机器人工作站主要由地面、ABB IRB 120 型机器人本体(六轴)、智能手抓(85 mm 口径/常开型)、包装盒(立方体)组成。该工作站中，ABB 机器人配以智能手抓可沿着"home"→"准备抓(pick ready)"→"抓取(pick)"→"抓取完毕(pick end)"→"准备放(put ready)"→"放置(put)"→"放置完毕(put end)"→"home"的动作顺序对包装盒实施搬运操作。

注意：针对实际生产过程，用户提出该系统需达到既能单步运行又能全速运行的设计目标。

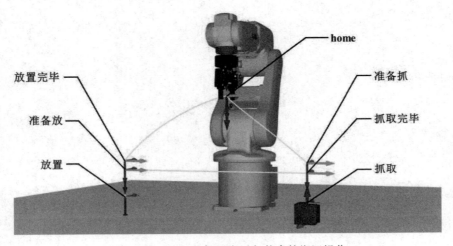

图 2.1　ABB 工业机器人对包装盒的搬运操作

3. 实训岗位能力目标

(1) 了解 ABB、KUKA(库卡)、YASKAWA(安川)和 UR(优傲 UNIVERSAL ROBOTS) 四大品牌工业机器人的结构、性能和应用特点;

(2) 能正确利用 ABB 工业机器人本体(IRB120)、智能手抓和包装盒工件进行机器人工作站的建设(基坐标系、工具坐标系和参考坐标系的设置);

(3) 针对包装盒的搬运操作,具备 ABB 机器人目标点轨迹规划、示教编程、单步调试及全自动运行的能力。

任务 2-1　工业机器人的结构、性能参数和应用情况

任务目标:

(1) 了解相关工业机器人制造企业的背景。

(2) 掌握 ABB 工业机器人的分类方法和用途。

(3) 了解各型号 ABB 工业机器人在柔性制造自动化生产线上的典型应用。

(4) 熟悉 ABB 工业机器人(IRB 120-3/0.6 型)的结构与示教器的基本操作。

(5) 熟悉各型号 ABB 工业机器人的性能参数。

子任务 2-1-1　了解相关工业机器人制造企业的背景

ABB、KUKA(库卡)、YASKAWA(安川)和 UR(优傲 UNIVERSAL ROBOTS)是全球四大机器人研发与制造厂商,这些企业从事电力工程技术、电气控制技术、自动化技术和机器人技术等方面的研发已有四十多年的历史,在电气工程、电力工程、能源与动力工程、机器人柔性自动化生产等领域具有丰富的生产实践经验。

图 2.2 所示为 ABB IRB 6400R-2.8/200 型工业机器人完成铝锭的搬运与加工任务,图 2.3 所示为 KUKA KR-22 /R1610 型工业机器人完成超大型金属管道工件的焊接任务。

 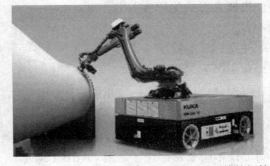

图 2.2　ABB 机器人用于铝锭的搬运与加工　　图 2.3　KUKA 工业机器人用于超大型工件的焊接

ABB、KUKA(库卡)、YASKAWA(安川)和 UR(优傲 UNIVERSAL ROBOTS)等全球知名机器人研发与制造厂商在中国均设有机器人技术创新研发与制造中心,这些企业基于"根植本地,服务全球"的理念,致力于机器人核心技术(网络通信技术、伺服电机驱动技术、

谐波减速器技术和智能控制技术等)的研发及机器人本体和工具的制造。

图 2.4 所示为 YASKAWAEPX2750-(Lemma)型喷涂机器人完成汽车零配件的喷涂任务，图 2.5 所示为 UR10 型工业机器人完成金属线圈的加工和搬运任务。

图 2.4　安川机器人用于汽车零配件的喷涂

图 2.5　优傲机器人用于线圈的加工和搬运

工业生产和科技创新的目的是为了使人类生产力得到"绿色发展"，ABB、KUKA(库卡)、YASKAWA(安川)和 UR(优傲 UNIVERSAL ROBOTS)、ESTUN 和 SIASUN(新松)等工业机器人制造企业与国内——航天工程、汽车制造、能源开发、电力与电气工程和化工制药等领域的企业密切合作，展开工业机器人技术应用方面的创新与研发，为生产企业提供柔性机器人自动化解决方案，提高企业生产效率和能源利用率的同时，降低了企业对环境的不良影响。

注意："任务 2-1"将引领同学们重点了解和学习 ABB 工业机器人的结构、性能参数和工业生产应用情况。

子任务 2-1-2　掌握工业机器人的分类方法和用途

ABB 是全球电力工程、自动化技术和机器人技术的领导企业之一，其在国内常设的智能制造技术研发总部位于上海。ABB 长期致力于工业机器人技术的研发和工业机器人本体的制造，努力为汽车制造、能源开发、电力工程和食品生产等领域的企业提供高效和柔性的自动化解决方案。ABB 还为亚洲最大的石化项目——上海赛科、广州地铁、上海地铁、首都国际机场的改扩建项目、上海通用汽车、宝钢等众多用户提供了可靠的电力或自动化技术解决方案。

　　在 ABB 所提供的柔性制造解决方案中，ABB 工业机器人和协作机器人技术的应用是其关键核心技术。如表 2.1 所示，按照荷重和工作范围区分，ABB 出品的工业机器人可分为小型(紧凑型)、中型和大型机器人三种；而按照性能和用途区分，ABB 出品的工业机器人可分为物料搬运与码垛、焊接、喷涂、装配和并联拣拾上下料机器人等。

表 2.1　各型 ABB 工业机器人分类方法和主要用途

机器人分类	系列/型号	智能工具	工业机器人用途
小型	IRB 120-3/0.6	X-Shot 视觉系统 智能手抓 Gripper Robot iQ 单吸盘工具	搬运、码垛
	IRB 1200-5/0.9		装配、打磨
	IRB 360-1/1130 4D		拣拾上下料
中型	IRB 2600-20/1.65	四吸盘工具、八吸盘工具 焊枪、喷枪	焊接、喷涂、装配
	IRB 4600-40/2.25		搬运、码垛
大型	IRB6600-225/1.55	特制夹具、特制搬运底盘	搬运、码垛、冲压加工

子任务 2-1-3　了解各型工业机器人在柔性制造自动化生产线上的应用

　　近年来，随着智能制造技术和装备制造技术的快速发展，全系列的 ABB 工业机器人和协作机器人主要应用于：汽车制造、电子电气 3C(计算机、通信和消费类电子产品)、食品饮料、铸造与锻造、包装、金属切割与焊接等生产行业，完成物料的搬运及码垛、电子元件装配、金属材料切割与焊接、外壳喷涂、半成品打磨等工作，以上这些工作具有劳动量大、重复性强且生产工艺和定位精度要求较高等特点。

1. 小型 ABB 机器人用于电子电气 3C 产品的加工制造

　　如图 2.6 所示，ABB IRB 120-3/0.6 型机器人(荷重 3kg)安装有微型 X-Shot 视觉系统，再配以智能手抓 Gripper Robot iQ(5mm)open 后，可以完成小型计算机零配件(如计算机鼠标和 USB 3.0 接口设备等)的加工和装配生产。

图 2.6　ABB 机器人用于 USB 3.0 接口设备的装配

再如图 2.7 所示，ABB IRB 1200-5/0.9 型机器人(荷重 5kg)与力控系统合作，可以完成鼠标外壳的打磨抛光生产。以上应用都属于小型 ABB 机器人与智能工具合作完成电子电气 3C 产品加工和生产的案例。

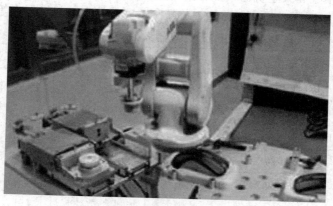

图 2.7　ABB 机器人用于鼠标外壳打磨

2. 中、大型 ABB 机器人用于物料搬运和金属材料的切割、打磨

如图 2.8 所示，ABB IRB 2600-20/1.65 型机器人(荷重 20 kg)配以智能切割与打磨工具，可以完成飞机机舱舷窗窗口位置的切割与打磨。再如图 2.9 所示，ABB IRB IRB6600-225/1.55 型机器人(荷重 225 kg)配以特制的搬运底盘能够完成大型邮件包裹的搬运、码垛与仓储。

图 2.8　飞机机舱舷窗窗口位置的切割与打磨

图 2.9　大型邮件包裹的搬运、码垛与仓储

子任务 2-1-4　熟悉工业机器人的结构与示教器的基本操作

ABB 工业机器人和协作机器人按照其本体结构划分，主要有串联结构机器人和并联结构机器人两种。

其中，串联结构机器人主要用于搬运、码垛、生产加工、喷涂、焊接、打磨和等离子切割等生产过程，而并联结构机器人主要用于物料快速分拣的生产过程。

串联结构机器人(如：ABB IRB 120-3/0.6 型机器人)普遍具备六轴六自由度的设计，而并联结构机器人(如：ABB IRB 360-1/1130 4D 型机器人——Flex Picker)普遍具备四轴四自由度或者三轴三自由度的设计。

接下来，我们重点分析 ABB IRB 120-3/0.6 型机器人的机械构造、六轴结构、载重量、自重、重复定位精度以及各关节轴的最大运动范围等技术参数，并逐步适应 ABB IRB 120-3/0.6 型机器人的仿真示教器操作界面，尝试采用 ABB 工业机器人的仿真示教器操作界面完成机器人各轴关节角的调节。

如图 2.10 所示，ABB IRB 120-3/0.6 型机器人安装了——智能手抓 Gripper Robot iQ(85mm)open 后，可以完成最大载重为 3kg 的物料搬运与码垛、电子电气 3C 产品(计算机、通信和消费类电子产品)的生产加工等工作任务。我们从面向机器人的视角，详细分析 ABB IRB 120-3/0.6 型机器人的串联六轴六自由度结构，其它型号的串联六轴机器人结构与之类似。

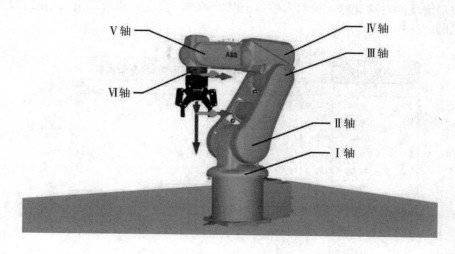

图 2.10 ABB IRB 120-3/0.6 型机器人的串联六轴六自由度结构

1) ABB IRB 120-3/0.6 型机器人的第 Ⅰ 轴 —— 腰

第 Ⅰ 轴相当于 ABB IRB 120-3/0.6 型机器人的腰部，当面向机器人观察时，腰部左右转动的范围是[−165.0°，165.0°]。在如图 2.11 所示的 ABB 机器人示教器界面上，当手动拨动滑块向左移动时，机器人腰部顺时针转动，反之，当拨动滑块向右移动时，机器人腰部逆时针转动。

2) ABB IRB 120-3/0.6 型机器人的第 Ⅱ 轴 —— 大臂

第 Ⅱ 轴相当于 ABB IRB 120-3/0.6 型机器人的大臂，当面向机器人观察时，大臂前后转动的范围是[−110.0°，110.0°]。在 ABB 机器人示教器界面上，当手动拨动滑块向左移动时，机器人大臂向后转动，反之，当拨动滑块向右移动时，机器人大臂向前转动。

3) ABB IRB 120-3/0.6 型机器人的第 Ⅲ 轴 —— 肘关节

第 Ⅲ 轴相当于 ABB IRB 120-3/0.6 型机器人的肘关节，当面向机器人观察时，肘关节上下转动的范围是[−90.0°，70.0°]。在 ABB 机器人示教器界面上，当手动拨动滑块向左移动时，机器人肘关节抬起，反之，当拨动滑块向右移动时，机器人肘关节落下。

4) ABB IRB 120-3/0.6 型机器人的第 Ⅳ 轴 —— 小臂

第 Ⅳ 轴相当于 ABB IRB 120-3/0.6 型机器人的小臂，当面向机器人观察时，小臂顺/逆时针转动的范围是[−160.0°，160.0°]。在 ABB 机器人示教器界面上，当手动拨动滑块向左移动时，机器人小臂顺时针转动，反之，当拨动滑块向右移动时，机器人小臂逆时针转动，小臂是机器人运动相对灵活的部位。

5) ABB IRB 120-3/0.6 型机器人的第Ⅴ轴 —— 手腕

第Ⅴ轴相当于 ABB IRB 120-3/0.6 型机器人的腕关节，当面向机器人观察时，腕关节内/外翻转的范围是[-120.0°，120.0°]。在 ABB 机器人示教器界面上，当手动拨动滑块向左移动时，机器人腕关节外翻，反之，当拨动滑块向右移动时，机器人腕关节内翻。

6) ABB IRB 120-3/0.6 型机器人的第Ⅵ轴 —— 手

第Ⅵ轴相当于 ABB IRB 120-3/0.6 型机器人的手部，当面向机器人观察时，机器人手部第六轴法兰顺/逆时针转动的范围是[-360.0°，360.0°]。在 ABB 机器人示教器界面上，当手动拨动滑块向左移动时，机器人手部逆时针转动，反之，当拨动滑块向右移动时，机器人手部顺时针转动。

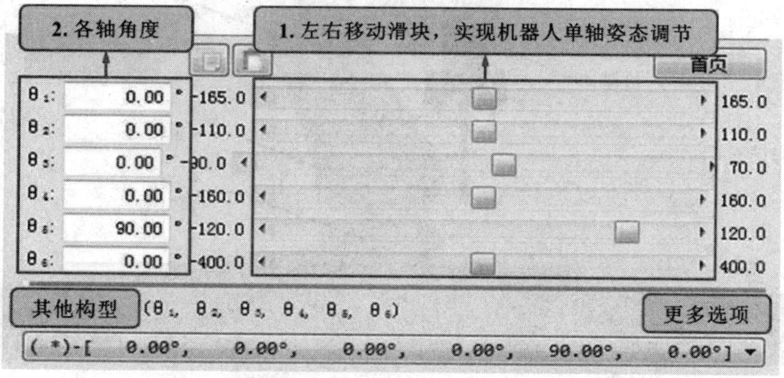

图 2.11 ABB 工业机器人示教器的单轴调试界面

注意：ABB IRB 120-3/0.6 型机器人拥有六轴六自由度结构，如图 2.12 所示，其第六轴中心点(法兰中心点)能够到达该机器人所在工作空间的大部分区域，不同型号和功能的机器人，其第六轴中心点所能到达的工作范围会有较大区别。

另外，如表 2.2 所示，在 ABB 机器人示教器界面上还可以设定工具坐标系(智能手抓)相对于机器人法兰、参考坐标系相对于机器人基坐标系及工具坐标系相对于参考坐标系的相对位置(坐标)，这些坐标的设定使得整个机器人工作空间具有相对合理的位置分配。

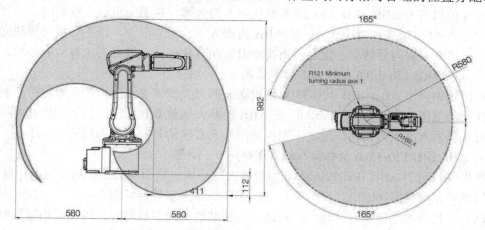

图 2.12 ABB IRB 120-3/0.6 型机器人第六轴中心的工作空间

表 2.2　ABB IRB 120-3/0.6 型机器人各坐标系的设置情况

坐标系	操 作 界 面	功能应用
工具坐标系相对于法兰	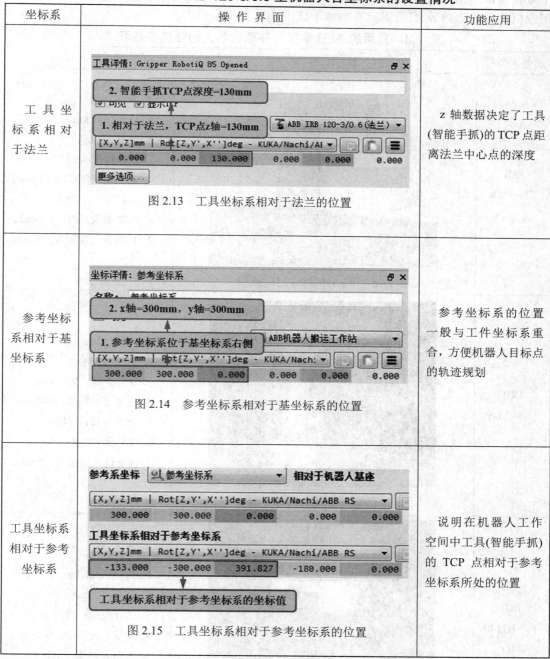	z 轴数据决定了工具(智能手抓)的 TCP 点距离法兰中心点的深度
参考坐标系相对于基坐标系		参考坐标系的位置一般与工件坐标系重合,方便机器人目标点的轨迹规划
工具坐标系相对于参考坐标系		说明在机器人工作空间中工具(智能手抓)的 TCP 点相对于参考坐标系所处的位置

子任务 2-1-5　熟悉常用型号工业机器人的性能参数

ABB 工业机器人重要的性能参数包括:机器人自重、荷重(第Ⅵ轴)、工作范围、重复定位精度、防护等级、TCP 最大速度和 TCP 最大加速度等,这些性能参数将为我们选择和使用 ABB 机器人提供重要的参考,表 2.3 给出了六种常用的 ABB 机器人的主要性能参数。

不难看出，小型机器人(荷重较小)的重复定位精度普遍高于大中型机器人，而基本上所有工业机器人的防护等级(防尘防异物水平)都达到了 IP68。

表 2.3　常用的 ABB 串联和并联机器人的性能参数表

机器人型号	操　作　界　面	功能应用
IRB 120-3/0.6	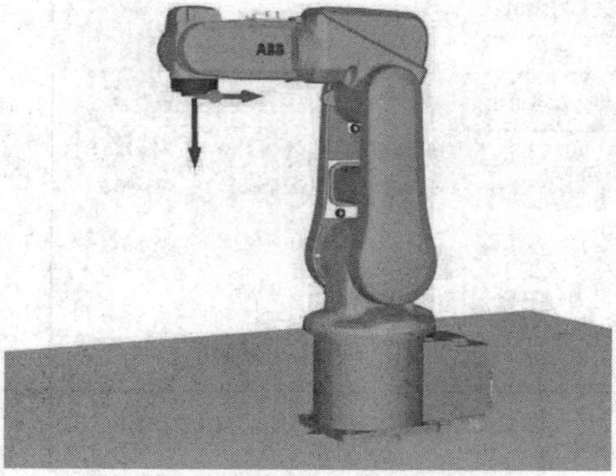 图 2.16　IRB 120-3/0.6 型机器人	1. 自重：25 kg； 2. 荷重：3 kg； 3. 工作范围：580 mm； 4. 重复定位精度：0.01 mm； 5. 防护等级：IP68； 6. TCP 最大速度：6.2 m/s； 7. TCP 最大加速度：28 m/s^2
IRB 1200-5/0.9	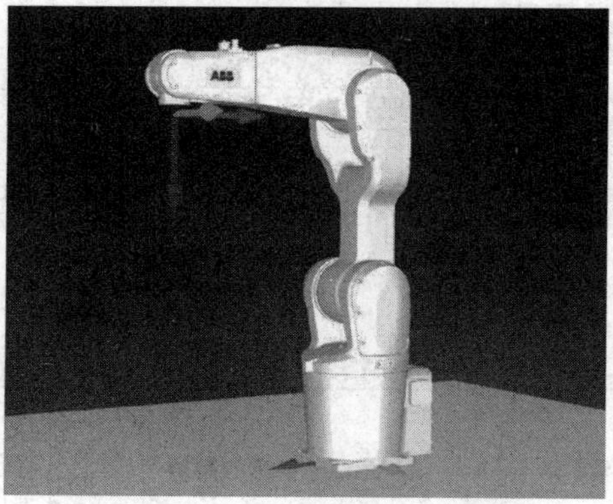 图 2.17　IRB 1200-5/0.9 型机器人	1. 自重：52 kg； 2. 荷重：5 kg； 3. 工作范围：900 mm； 4. 重复定位精度：0.02 mm； 5. 防护等级：IP68； 6. TCP 最大速度：5.5 m/s； 7. TCP 最大加速度：20 m/s^2
IRB 360-1/1130 /4D	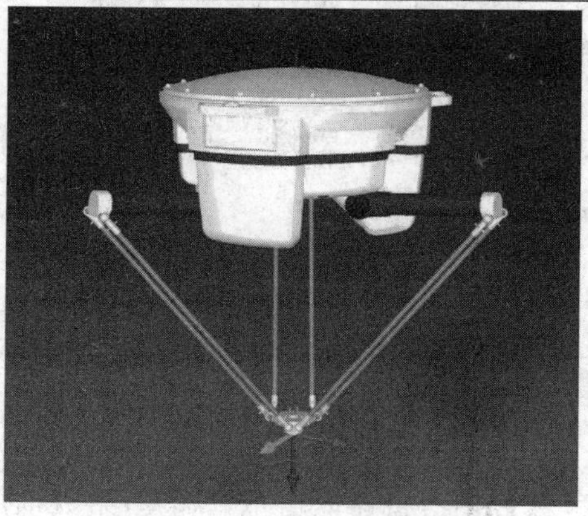 图 2.18　IRB 360-1/1130 4D 型机器人	1. 自重：120 kg； 2. 荷重：1 kg； 3. 工作范围：1130 mm； 4. 重复定位精度：0.1 mm； 5. 机器人安装：倒置式； 6. 节拍时间：0.36 s

续表

机器人型号	操作界面	功能应用
IRB 2600-20/1.65	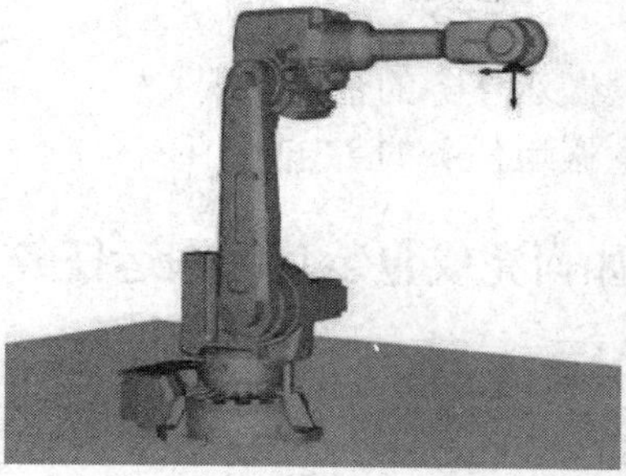 图 2.19　IRB 2600-20/1.65 型机器人	1. 自重：272 kg； 2. 荷重：20 kg； 3. 工作范围：1650 mm； 4. 重复定位精度：0.04 mm； 5. 防护等级：IP68； 6. TCP 最大速度：3.2 m/s； 7. TCP 最大加速度：7.1 m/s²
IRB 4600-40/2.25	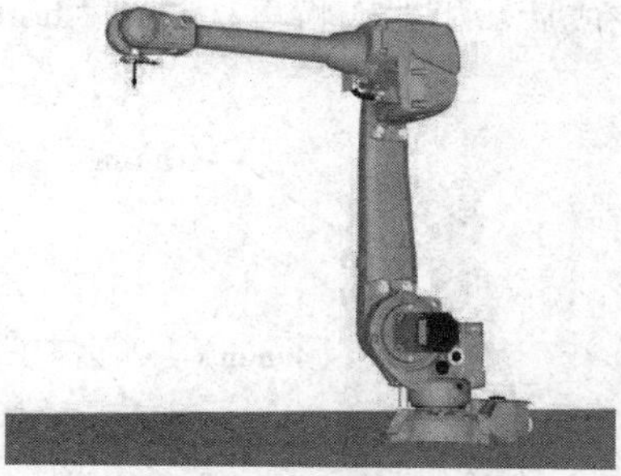 图 2.20　IRB 4600-40/2.25 型机器人	1. 自重：435 kg； 2. 荷重：40 kg； 3. 工作范围：2550 mm； 4. 重复定位精度：0.06 mm； 5. 防护等级：IP68； 6. TCP 最大速度：2.3 m/s； 7. TCP 最大加速度：5.6 m/s²
IRB 6600-225/2.25	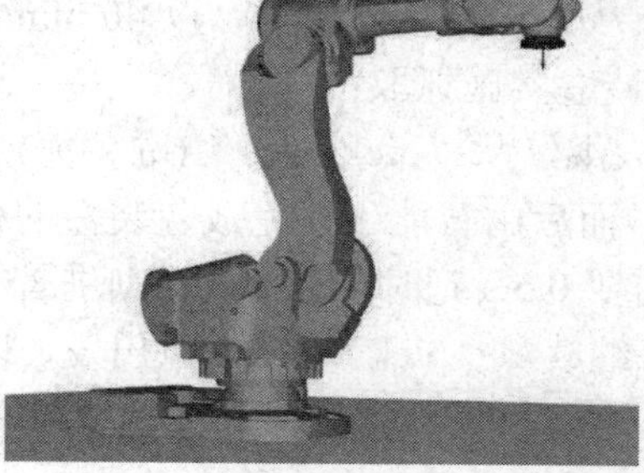 图 2.21　IRB6600-225/1.55 型机器人	1. 自重：1770 kg； 2. 荷重：225 kg； 3. 工作范围：2550 mm； 4. 重复定位精度：0.1 mm； 5. 机器人安装：正置式； 6. TCP 最大速度：1.5 m/s； 7. TCP 最大加速度：3.1 m/s²

任务 2-2　工业机器人搬运工作站的建设

任务目标：

(1) 了解 ABB 机器人完成包装盒搬运任务的基本情况。

(2) 创建 ABB 机器人完成包装盒搬运任务的工作站。

子任务 2-2-1　了解工业机器人如何完成包装盒的搬运任务

项目二任务二

1. ABB 机器人完成包装盒搬运任务的流程

如图 2.22 所示，第六轴标准荷重为 3 kg 的 ABB IRB 120-3/0.6 型机器人装配好智能手抓 Gripper Robot iQ(85mm) open 后，可完成包装盒的搬运任务。再如图 2.23 所示，我们站在机器人前面，从面向机器人的视角观察，机器人携带工具——智能手抓 Gripper Robot iQ(85mm) open 从"home"点出发，先后经过"pickready"(准备抓)→"pick"(抓取)→"pickend"(抓取完毕)→ "putready"(准备放)→ "put"(放置)→ "putend"(放置完毕)六个目标点，完成包装盒工件的搬运和放置，任务完成后，机器人将再次回到"home"点。

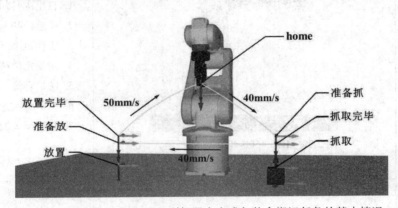

图 2.22　ABB IRB 120-3/0.6 型机器人完成包装盒搬运任务的基本情况

(1) ABB IRB 120-3/0.6 型机器人从"home"点出发，以 40 mm/s 的速度沿直线运动到"pickready"(准备抓)点，准备对包装盒实施抓取；

(2) ABB IRB 120-3/0.6 型机器人继续从"pickready"(准备抓)点出发，以 40 mm/s 的速度沿直线下降到"pick"(抓取)点，而后由智能手抓完成包装盒的抓取，注意：智能手抓是气动执行机构，其抓取动作本身需要 0.5 s 延时，以确保手抓抓牢包装盒工件；

(3) 待工件抓牢后，ABB 机器人继续从"pick"(抓取)点出发，以 40 mm/s 的速度沿直线上升到"pickend"(抓取完毕)点，达到将包装盒提离地面的效果，此时包装盒上表面的中心点距离地面的高度为 150 mm；

(4) ABB 机器人继续从"pickend"(抓取完毕)点出发，以 40 mm/s 的速度沿直线(平行于地面)将包装盒自右向左运送到"putready"(准备放)点，这里注意："pickend"(抓取完毕)点与"putready"(准备放)点的高度同为 150 mm，并且二者之间相距 600 mm，机器人完成直线搬运任务后，准备放置包装盒；

　　(5) 接下来，ABB 机器人继续从"putready"(准备放)点出发，以 40 mm/s 的速度沿直线下降到"put"(放置)点，而后由智能手抓完成包装盒的放置，注意：智能手抓是气动执行机构，其放置动作本身也需要 0.5 s 延时(同抓取动作的延时保持一致)，以确保手抓彻底松开包装盒工件；

　　(6) 待工件放稳后，ABB 机器人继续从"put"(放置)点出发，以 40 mm/s 的速度沿直线上升到"putend"(放置完毕)点；

　　(7) 经过"putend"(放置完毕)点的过渡，ABB 机器人以 50 mm/s 的速度沿曲线(以关节运动方式)返回到"home"点，此时机器人完成了一次包装盒的搬运和放置任务。

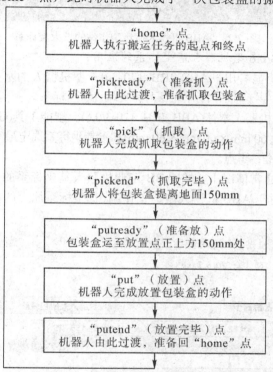

图 2.23　ABB IRB 120-3/0.6 型机器人完成包装盒搬运任务的流程

　　当我们面向机器人时，相对于机器人的基坐标系，包装盒起点位置的坐标是 x = 300 mm、y = 300 mm 且 z = 0 mm，而包装盒搬运终点的坐标是 x = 300 mm、y = −300 mm 且 z = 0 mm。所以不难看出：对包装盒的搬运和放置是机器人从包装盒起点位置夹起工件，将其提离地面至 150 mm 高度，而后沿着平行于地面的方向运送包装盒到搬运终点的正上方(搬运距离为 600 mm)，并完成工件平稳放置的过程。

　　2. ABB 机器人搬运工作站的整体布局

　　如图 2.24 所示，ABB 机器人完成搬运任务的工作站主要由 ABB IRB 120-3/0.6 型机器人本体、智能手抓 Gripper Robot iQ(85mm) open、包装盒(60 mm × 60 mm × 60 mm)及工作站地面 Plane(2 m × 2 m)和安全装置组成，该工作站整体布局的核心任务是机器人三大坐标系——基坐标系、工具坐标系和参考坐标系(工件坐标系)参数的设置。

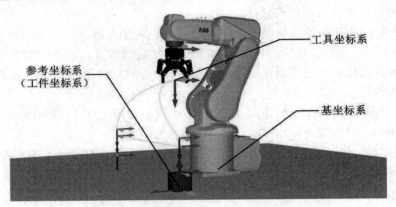

图 2.24　ABB 机器人搬运工作站的三大坐标系

1) ABB IRB 120-3/0.6 型机器人基坐标系的应用

从图 2.24 中可以明显看出，ABB IRB 120-3/0.6 型机器人的基坐标系是其底座中心点所在的笛卡尔坐标系——x 轴(红)、y 轴(绿)和 z 轴(蓝)坐标系。

机器人基坐标系是机器人本体(ABB IRB 120-3/0.6)、智能工具(Gripper Robot iQ(85 mm) open)、工件(蓝色包装盒 60 mm × 60 mm × 60 mm)和参考坐标系选定最终位置的重要参照，是整个机器人工作空间的基准参考点。

如图 2.25 所示，通常情况下，将 ABB 工业机器人基坐标系的原点直接设置在工作站地面中心点处，即：相对于 ABB 机器人搬运工作站，基坐标系原点的位置坐标是 x = 0 mm、y = 0 mm 且 z = 0 mm。

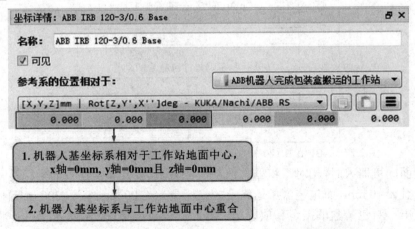

图 2.25　ABB 机器人搬运工作站基坐标系的参数设置

2) ABB IRB 120-3/0.6 型机器人工具坐标系的应用

ABB IRB 120-3/0.6 型机器人的工具坐标系是其智能手抓 Gripper Robot iQ(85mm) open 的 TCP 点所在的笛卡尔坐标系——x 轴(红)、y 轴(绿)和 z 轴(蓝)坐标系。在该坐标系下，ABB IRB 120-3/0.6 型机器人的运动控制器可以完成其手部搬运、码垛和装配等一系列精细化操作的坐标矫正。

我们通过工具坐标系来设定机器人智能手抓的 TCP 点到机器人第六轴法兰盘中心点之间的距离。

接下来举例说明机器人工具抓取工件的深度调节的具体操作流程。

① 如图 2.26 所示,相对于机器人第Ⅵ轴的法兰,TCP 点 z 轴的坐标值越小,智能手抓中心点离法兰中心点就越近,工具抓取工件的深度就越深;

② 反之,TCP 点 z 轴的坐标值越大,智能手抓中心点离法兰中心点就越远,工具抓取工件的深度就越浅。

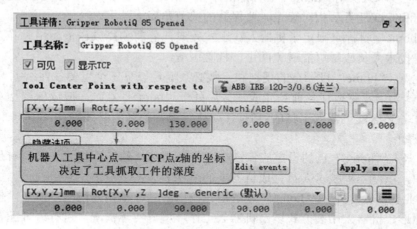

图 2.26 ABB 机器人搬运工作站工具坐标系的参数设置

3) ABB 机器人搬运工作站中参考坐标系的应用

ABB 机器人搬运工作站中,工件坐标系是指方形包装盒(60 mm × 60 mm × 60 mm)底面中心点所在的笛卡尔坐标系——x 轴(红)、y 轴(绿)和 z 轴(蓝)坐标系。

本项目中,我们可以直接将工件坐标系选为参考坐标系,即:选定方形包装盒(60 mm × 60 mm × 60 mm)底面中心点所在的位置为参考坐标系的原点。

而后,我们在参考坐标系下对 ABB IRB 120-3/0.6 型机器人完成包装盒搬运过程中涉及的目标点进行轨迹规划,这样可以有效减少机器人各目标点坐标规划时的计算量,并增大示教编程的准确性。

如图 2.27 所示,参考坐标系相对于工作站而言,其位置坐标是 x = 300 mm、y = 300 mm 且 z = 0 mm,不难看出,本项目中参考坐标系与工件坐标系位置重合。

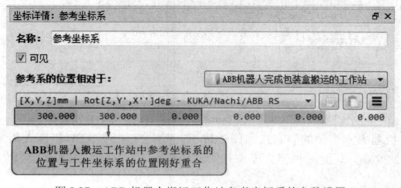

图 2.27 ABB 机器人搬运工作站参考坐标系的参数设置

3. ABB 机器人"home"点的设计原则

"home"点是机器人出发完成任务前和完成任务后要停留的目标点。机器人的"home"点要求有较为合适的工作空间和较为平稳的姿态。仿真与离线编程过程中,"home"点姿态的调节往往可以采用虚拟示教器,通过六轴关节角角度值($\theta_1 \sim \theta_6$)逐一设定来完成。

(1) 工程技术人员对"home"目标点的示教,决定了 ABB IRB 120-3/0.6 型机器人出发完成任务前和完成任务后相对静止时要保持的关节角姿态;

(2) "home"目标点限定了机器人在出发完成任务前和完成任务后相对静止时的危险区域,工程技术人员应尽可能避免闯进该危险区域。

大家注意,"home"目标点的规划和示教必须满足以下三个重要条件:

(1) 机器人出发完成任务前和完成任务后处于"home"点时,应该保持相对比较舒适的姿态,并务必保证机器人工具的气管(气动执行机构的动力管线)与机器人本体之间无明显危险的缠绕;

(2) 机器人"home"点的设定应保证在工作站内部,给工程技术人员留有足够大的安全观察空间,以便工程技术人员完成机器人的编程示教;

(3) 工业机器人原始的"home"点是指其在出厂时各轴角度均归零的点,使用者可以根据场地地形、机器人吊装方式以及机器人工作环境等实际情况,进行合理配置。

4. ABB 机器人"home"点的数值

为满足以上机器人"home"目标点示教的基本要求,本任务中,工程技术人员可利用机器人示教器(panel)手动将 ABB 机器人的第 II 轴初始化为$-30°$——机器人的大臂向后仰,倾角大小为$30°$;同时将 ABB 机器人的第 III 轴初始化为$30°$——机器人的肘关节向下放,倾角大小为$30°$;最后将 ABB 机器人的第 V 轴初始化为$90°$——机器人的腕关节垂直于地面向下放,倾角大小为$90°$。这里注意:ABB 工业机器人携带不同的智能工具完成相应的生产任务时,其第 V 轴关节角的姿态呈现出不同的角度。

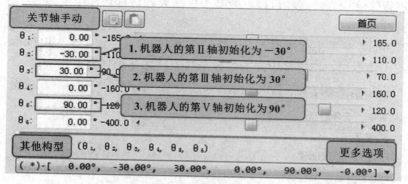

图 2.28　ABB 机器人"home"点——各关节角的参数设置

当 ABB 机器人六个轴的姿态按照图 2.28 都初始化完毕时,ABB 机器人所呈现的"home"点姿态如图 2.29 所示,此时机器人姿态相对比较舒适,而且给技术人员的操作留出足够大的安全区域。

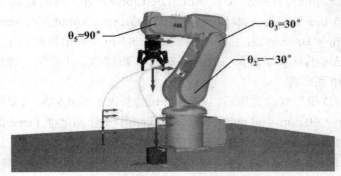

图 2.29　ABB 机器人"home"点的姿态

子任务 2-2-2　创建工业机器人完成包装盒搬运任务的工作站

如图 2.30 所示，按照 ABB 机器人完成包装盒搬运任务的工艺流程，结合 ABB 机器人安全生产的要求，来创建 ABB 机器人完成包装盒搬运任务的工作站。

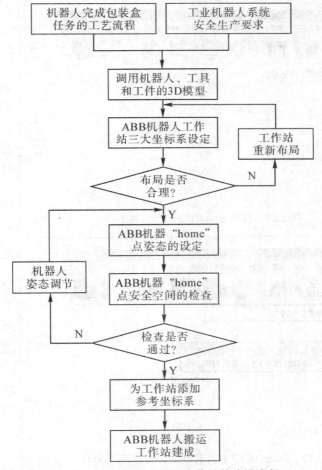

图 2.30　ABB 机器人搬运工作站的建设流程

(1) 按照计算机指定的路径"C：\RoboDK\Library\增补的机器人 3D 模型库"，提取 ABB IRB 120-3/0.6 型机器人本体、智能手抓 Gripper Robot iQ(85mm)open、包装盒 (100 mm × 100 mm × 100 mm)及工作站地面 Plane(1 m × 1 m)和安全装置的 3D 模型，然后对上述机器人、工具和工件的 3D 模型进行参数修改，以确保工作站内部机器人、工具和工件之间相互匹配。

注意：上述各 3D 模型修改完成后，包装盒 box 边长缩小为 0.6 倍，其最终边长为 60 mm，最终体积为 60 mm × 60 mm × 60 mm = 2.16×10^5 mm^3；工作站地面 Plane 的边长增大为 2.0 倍，其最终边长为 2 m，最终面积为 2 m × 2 m=4 m^2。

(2) 对机器人的三大坐标系——机器人本体坐标系、工具坐标系和参考坐标系进行参数设定，以确保工作站的布局安全、合理。

(3) 利用示教器(panel)对机器人的姿态进行精细调节，以确保机器人在"home"点具备最佳姿态，接下来的表 2.4 详细描述了 ABB 机器人搬运工作站的创建过程。

表 2.4　创建 ABB 机器人完成包装盒搬运任务的工作站

步骤	创建 ABB 机器人搬运工作站的过程	功能应用
第一步	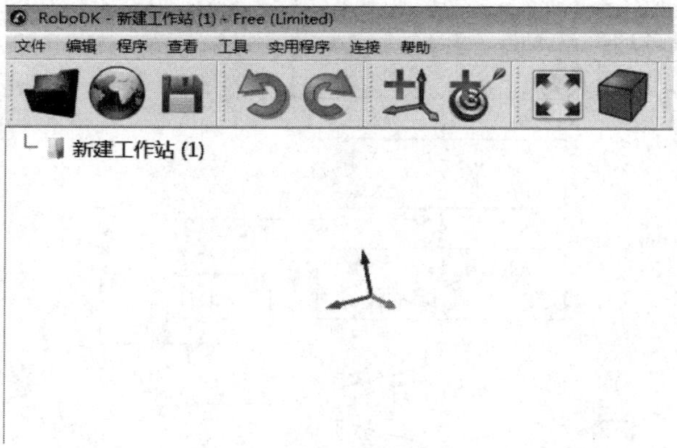 图 2.31　打开 RoboDK3.2 到主界面	1. 双击 RoboDK3.2 的图标，完整打开 RoboDK3.2 的主界面； 2. 查看软件状态，准备建立 ABB 机器人搬运工作站
第二步	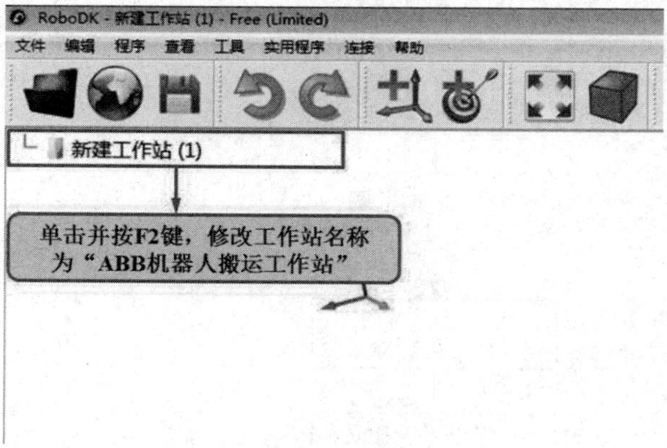 图 2.32　RoboDK3.2 打开时默认的新建工作站(1)	1. 软件打开时默认的新建工作站名称是新建工作站(1)； 2. 左键单击"新建工作站(1)"，再按下 F2 键，准备为其更名

续表一

步骤	创建 ABB 机器人搬运工作站的过程	功能应用
第三步	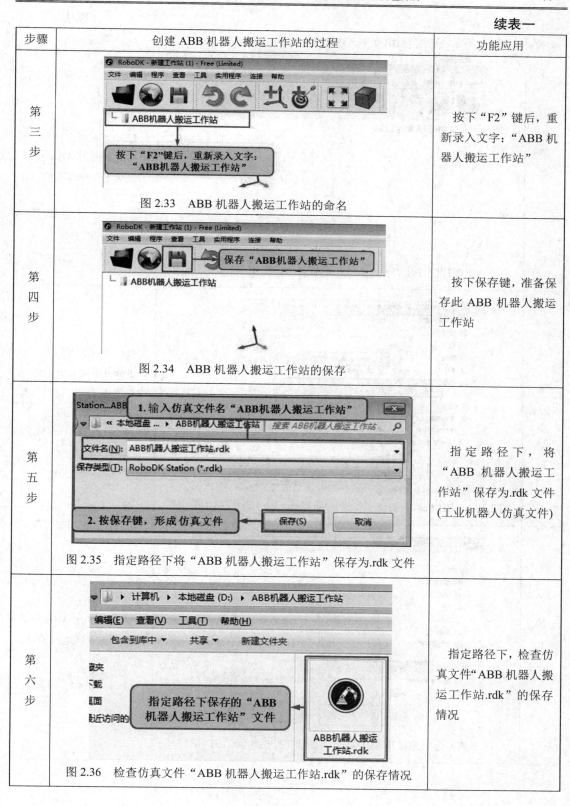 图 2.33　ABB 机器人搬运工作站的命名	按下"F2"键后，重新录入文字："ABB 机器人搬运工作站"
第四步	图 2.34　ABB 机器人搬运工作站的保存	按下保存键，准备保存此 ABB 机器人搬运工作站
第五步	图 2.35　指定路径下将"ABB 机器人搬运工作站"保存为.rdk 文件	指定路径下，将"ABB 机器人搬运工作站"保存为.rdk 文件（工业机器人仿真文件）
第六步	图 2.36　检查仿真文件"ABB 机器人搬运工作站.rdk"的保存情况	指定路径下，检查仿真文件"ABB 机器人搬运工作站.rdk"的保存情况

续表二

步骤	创建 ABB 机器人搬运工作站的过程	功能应用
第七步	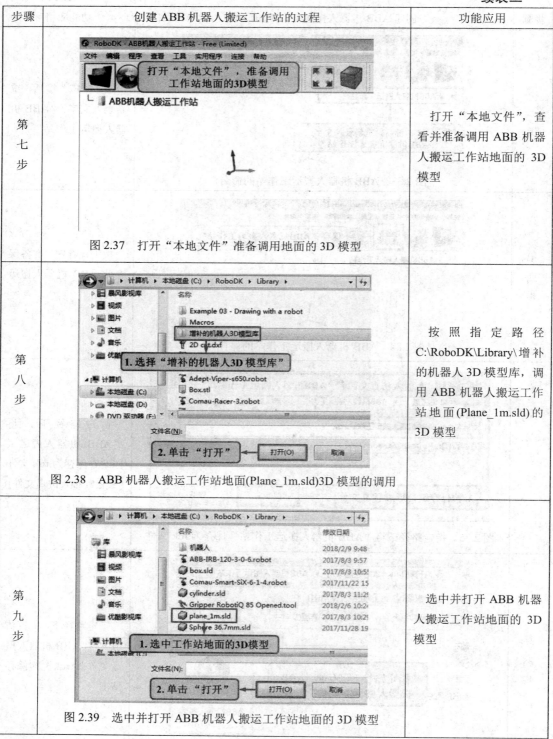图 2.37　打开"本地文件"准备调用地面的 3D 模型	打开"本地文件"，查看并准备调用 ABB 机器人搬运工作站地面的 3D 模型
第八步	图 2.38　ABB 机器人搬运工作站地面(Plane_1m.sld)3D 模型的调用	按照指定路径 C:\RoboDK\Library\增补的机器人 3D 模型库，调用 ABB 机器人搬运工作站地面(Plane_1m.sld)的 3D 模型
第九步	图 2.39　选中并打开 ABB 机器人搬运工作站地面的 3D 模型	选中并打开 ABB 机器人搬运工作站地面的 3D 模型

续表三

步骤	创建 ABB 机器人搬运工作站的过程	功能应用
第十步	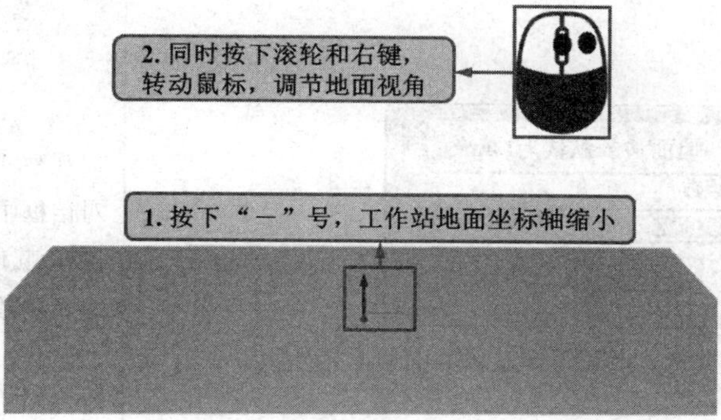 2. 同时按下滚轮和右键，转动鼠标，调节地面视角 1. 按下"－"号，工作站地面坐标轴缩小 图 2.40　调整机器人工作空间的观察视角	通过 RoboDK3.2 软件的基本操作，调整机器人工作空间的观察视角
第十一步	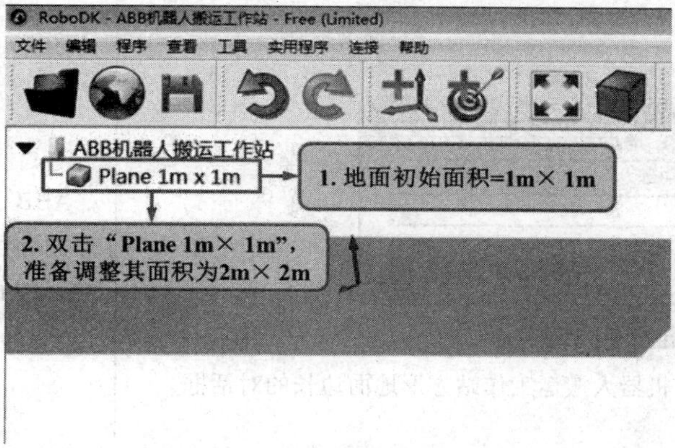 RoboDK - ABB机器人搬运工作站 - Free (Limited) 文件　编辑　程序　查看　工具　实用程序　连接　帮助 ▼　ABB机器人搬运工作站 　└　Plane 1m x 1m 1. 地面初始面积=1m× 1m 2. 双击"Plane 1m× 1m"，准备调整其面积为2m× 2m 图 2.41　准备调整工作站地面面积为 2 m × 2 m	1. ABB 机器人搬运工作站地面的 3D 模型默认面积为 1 m × 1 m； 2. 双击"Plane 1 m × 1 m"，准备调整其面积为 2 m × 2 m
第十二步	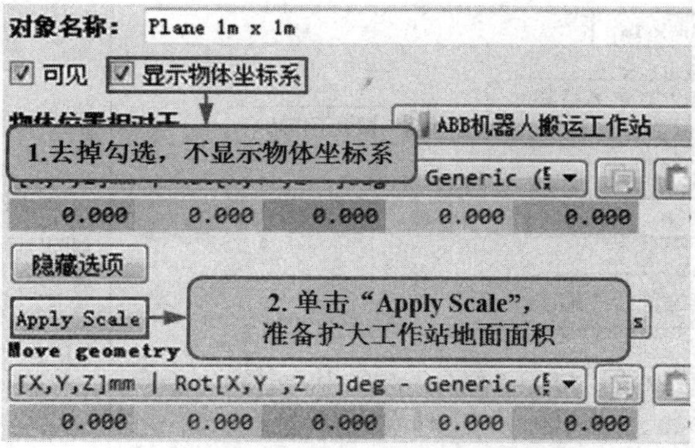 对象名称：　Plane 1m x 1m ☑ 可见　☑ 显示物体坐标系 物体位置相对工 1. 去掉勾选，不显示物体坐标系　　ABB机器人搬运工作站 　　　　　　　Generic 0.000　0.000　0.000　0.000　0.000 隐藏选项 Apply Scale　2. 单击"Apply Scale"，准备扩大工作站地面面积 Move geometry [X,Y,Z]mm	Rot[X,Y,Z]deg - Generic 0.000　0.000　0.000　0.000　0.000 图 2.42　准备扩大工作站地面面积	1. 不显示工作站地面的坐标； 2. 单击"Apply Scale"，准备扩大工作站地面面积

步骤	创建 ABB 机器人搬运工作站的过程	功能应用
第十三步	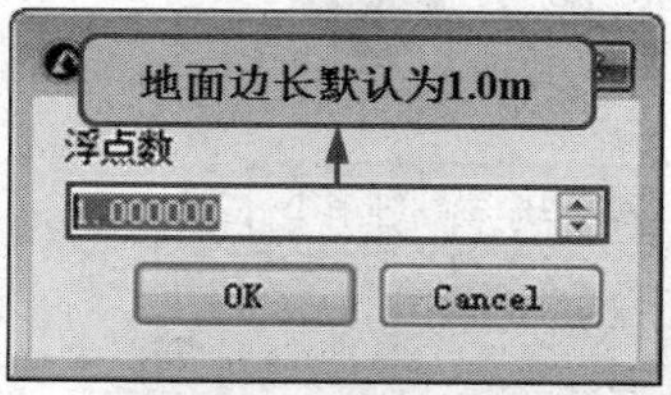 图 2.43 ABB 机器人搬运工作站地面面积原始参数	观察"Apply Scale"对话框中 ABB 机器人搬运工作站地面面积原始参数
第十四步	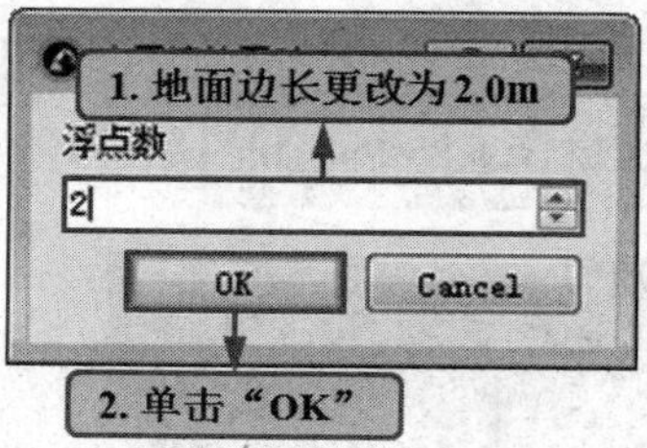 图 2.44 更改 ABB 机器人搬运工作站方形地面边长的对话框	ABB 机器人搬运工作站地面面积修正为 $2\text{ m} \times 2\text{ m} = 4\text{ m}^2$
第十五步	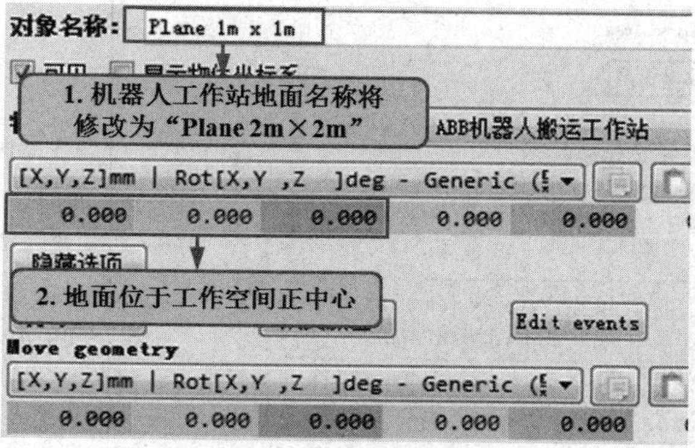 图 2.45 ABB 机器人搬运工作站方形地面的参数确认	根据地面位置的详细坐标,确定方形地面位于工作空间正中心

续表五

步骤	创建 ABB 机器人搬运工作站的过程	功能应用
第十六步	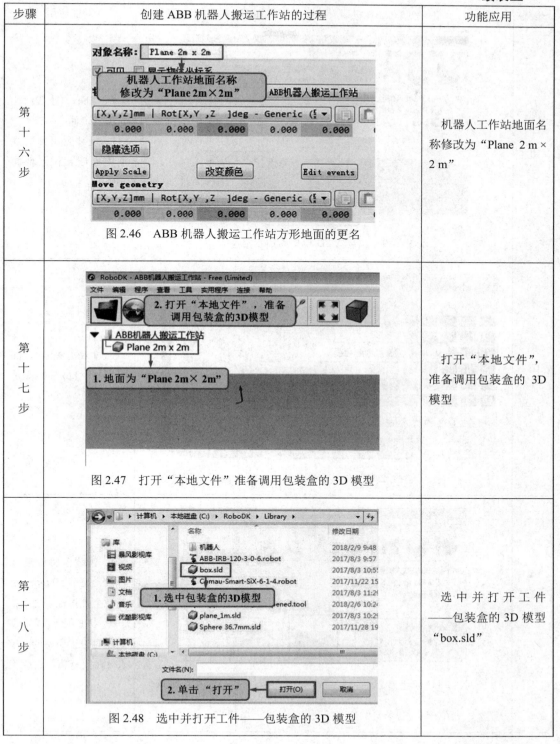 图 2.46　ABB 机器人搬运工作站方形地面的更名	机器人工作站地面名称修改为"Plane 2 m × 2 m"
第十七步	图 2.47　打开"本地文件"准备调用包装盒的 3D 模型	打开"本地文件"，准备调用包装盒的 3D 模型
第十八步	图 2.48　选中并打开工件——包装盒的 3D 模型	选中并打开工件——包装盒的 3D 模型"box.sld"

续表六

步骤	创建 ABB 机器人搬运工作站的过程	功能应用
第十九步	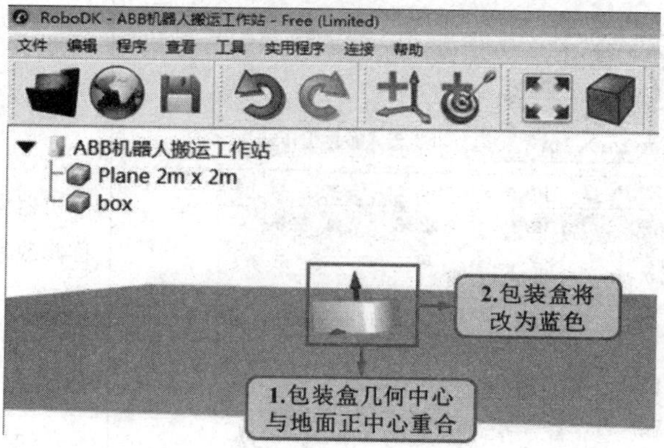 图 2.49　包装盒 3D 模型的初始位置	1．"box"指代白色包装盒工件； 2．包装盒工件的几何中心起初位于地面正中心
第二十步	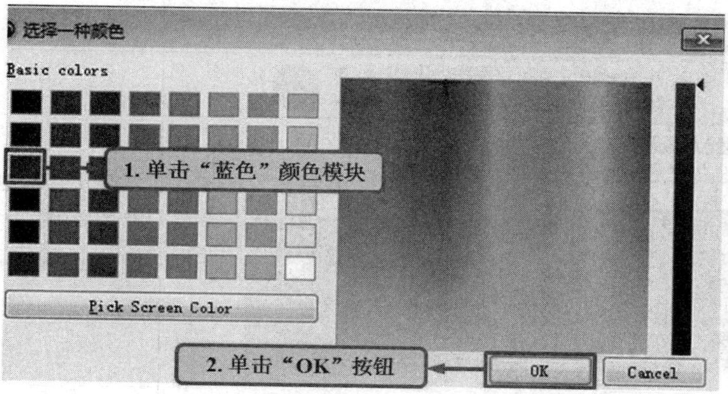 图 2.50　包装盒颜色改为蓝色	通过双击"box"的属性将"box"的颜色改为蓝色
第二十一步	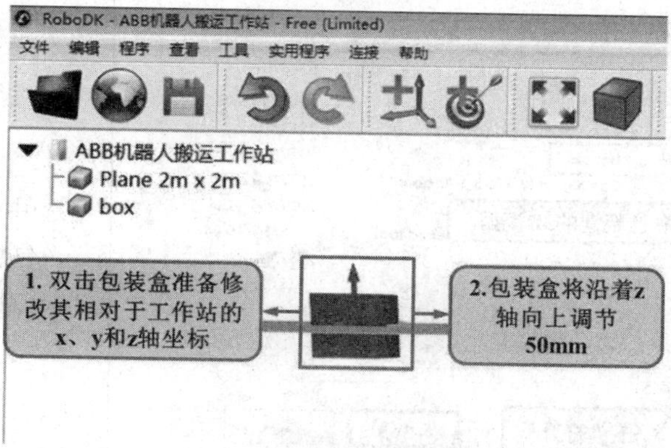 图 2.51　包装盒的位置需要沿 z 轴向上调节 50 mm	1．包装盒将沿着 z 轴向上调节 50 mm，使其完全处于地表之上； 2．双击包装盒，修改其相对于工作站的 x、y 和 z 轴坐标值

续表七

步骤	创建 ABB 机器人搬运工作站的过程	功能应用
第二十二步	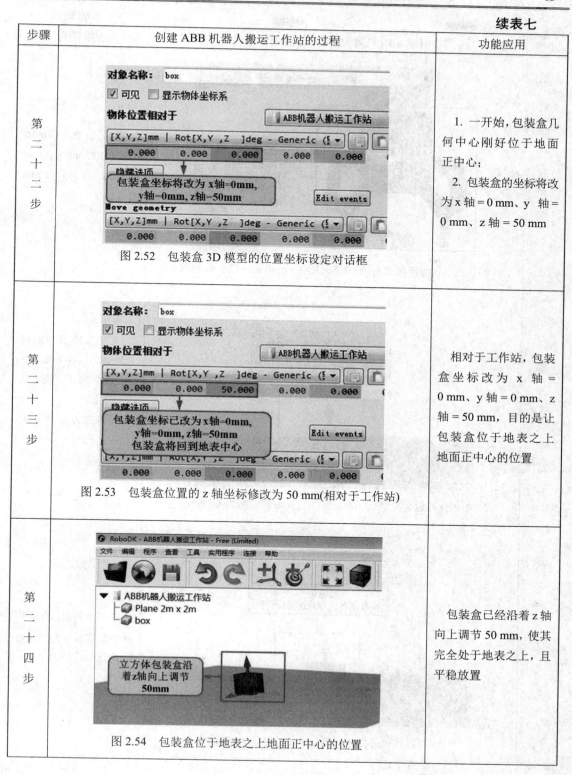图 2.52　包装盒 3D 模型的位置坐标设定对话框	1. 一开始,包装盒几何中心刚好位于地面正中心; 2. 包装盒的坐标将改为 x 轴 = 0 mm、y 轴 = 0 mm、z 轴 = 50 mm
第二十三步	图 2.53　包装盒位置的 z 轴坐标修改为 50 mm(相对于工作站)	相对于工作站,包装盒坐标改为 x 轴 = 0 mm、y 轴 = 0 mm、z 轴 = 50 mm,目的是让包装盒位于地表之上地面正中心的位置
第二十四步	图 2.54　包装盒位于地表之上地面正中心的位置	包装盒已经沿着 z 轴向上调节 50 mm,使其完全处于地表之上,且平稳放置

步骤	创建 ABB 机器人搬运工作站的过程	功能应用
第二十五步	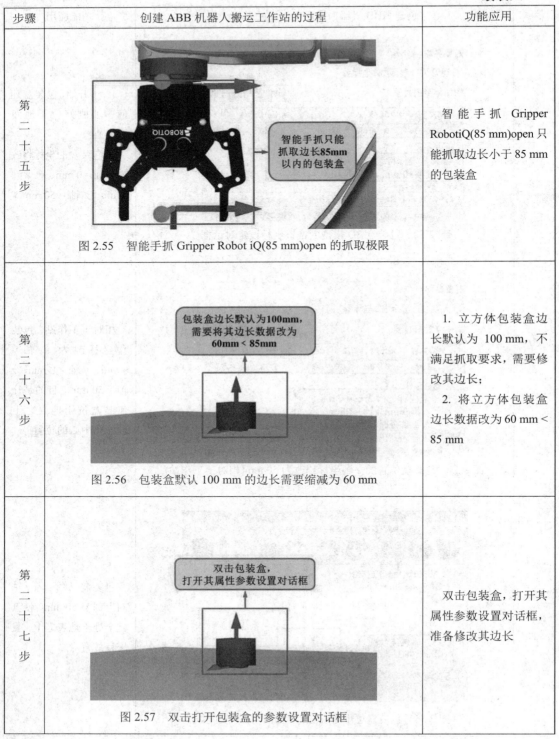智能手抓只能抓取边长85mm以内的包装盒 图 2.55　智能手抓 Gripper Robot iQ(85 mm)open 的抓取极限	智能手抓 Gripper RobotiQ(85 mm)open 只能抓取边长小于 85 mm 的包装盒
第二十六步	包装盒边长默认为100mm，需要将其边长数据改为60mm＜85mm 图 2.56　包装盒默认 100 mm 的边长需要缩减为 60 mm	1. 立方体包装盒边长默认为 100 mm，不满足抓取要求，需要修改其边长； 2. 将立方体包装盒边长数据改为 60 mm ＜ 85 mm
第二十七步	双击包装盒，打开其属性参数设置对话框 图 2.57　双击打开包装盒的参数设置对话框	双击包装盒，打开其属性参数设置对话框，准备修改其边长

步骤	创建 ABB 机器人搬运工作站的过程	功能应用
第二十八步	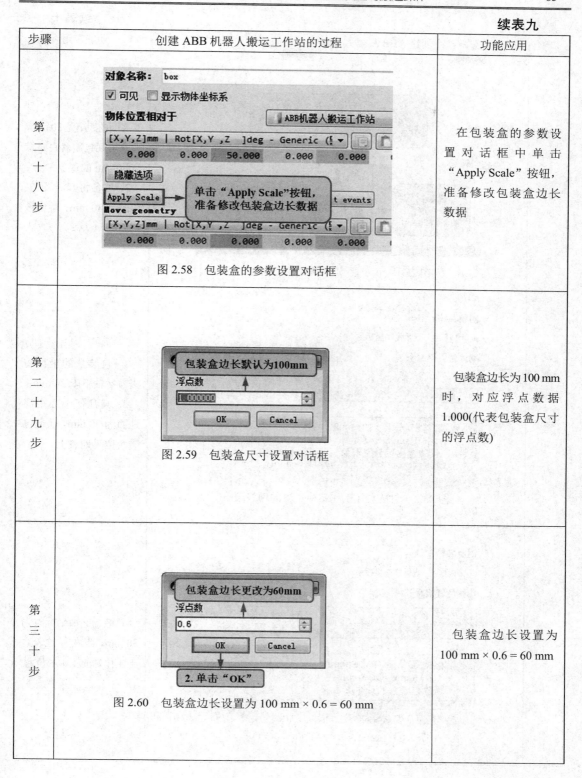图 2.58 包装盒的参数设置对话框	在包装盒的参数设置对话框中单击"Apply Scale"按钮,准备修改包装盒边长数据
第二十九步	图 2.59 包装盒尺寸设置对话框	包装盒边长为 100 mm 时,对应浮点数据 1.000(代表包装盒尺寸的浮点数)
第三十步	图 2.60 包装盒边长设置为 100 mm × 0.6 = 60 mm	包装盒边长设置为 100 mm × 0.6 = 60 mm

续表十

步骤	创建 ABB 机器人搬运工作站的过程	功能应用
第 三 十 一 步	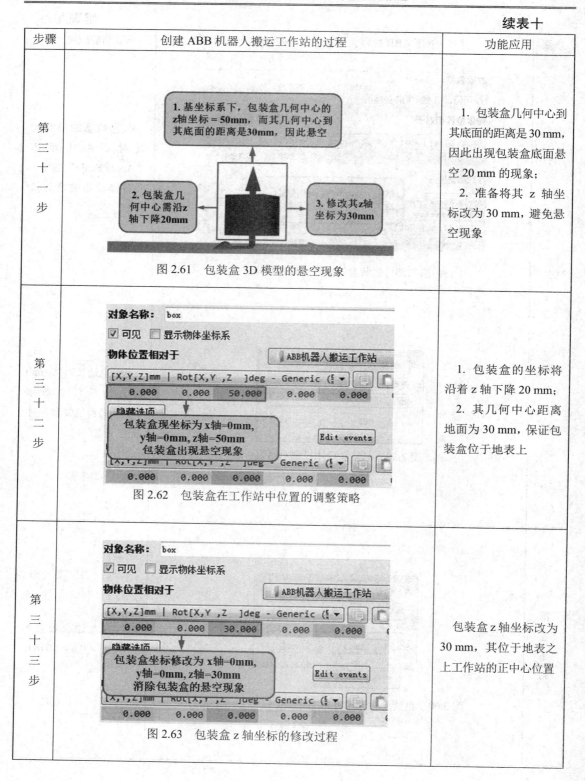	1. 包装盒几何中心到其底面的距离是 30 mm，因此出现包装盒底面悬空 20 mm 的现象； 2. 准备将其 z 轴坐标改为 30 mm，避免悬空现象
第 三 十 二 步	图 2.62　包装盒在工作站中位置的调整策略	1. 包装盒的坐标将沿着 z 轴下降 20 mm； 2. 其几何中心距离地面为 30 mm，保证包装盒位于地表上
第 三 十 三 步	图 2.63　包装盒 z 轴坐标的修改过程	包装盒 z 轴坐标改为 30 mm，其位于地表之上工作站的正中心位置

续表十一

步骤	创建 ABB 机器人搬运工作站的过程	功能应用
第三十四步	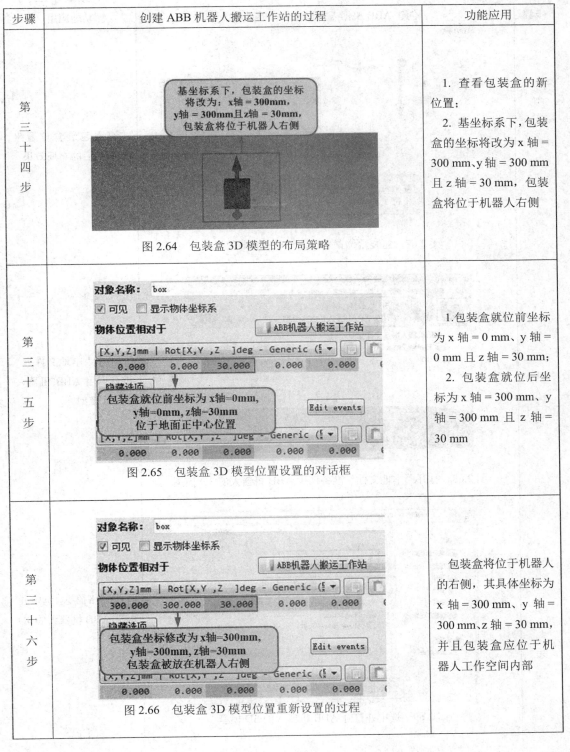基坐标系下，包装盒的坐标将改为：x轴=300mm，y轴=300mm且z轴=30mm，包装盒将位于机器人右侧 图 2.64　包装盒 3D 模型的布局策略	1. 查看包装盒的新位置； 2. 基坐标系下，包装盒的坐标将改为 x 轴 = 300 mm，y 轴 = 300 mm 且 z 轴 = 30 mm，包装盒将位于机器人右侧
第三十五步	对象名称：box ☑可见　☐显示物体坐标系 物体位置相对于　　　ABB机器人搬运工作站 [X,Y,Z]mm ┃ Rot[X,Y ,Z]deg - Generic 0.000　0.000　30.000　0.000　0.000 隐藏注项 包装盒就位前坐标为 x轴=0mm，y轴=0mm，z轴=30mm 位于地面正中心位置 Edit events [X,Y,Z]mm ┃ Rot[X,Y ,Z]deg - Generic 0.000　0.000　0.000　0.000　0.000 图 2.65　包装盒 3D 模型位置设置的对话框	1.包装盒就位前坐标为 x 轴 = 0 mm、y 轴 = 0 mm 且 z 轴 = 30 mm； 2. 包装盒就位后坐标为 x 轴 = 300 mm、y 轴 = 300 mm 且 z 轴 = 30 mm
第三十六步	对象名称：box ☑可见　☐显示物体坐标系 物体位置相对于　　　ABB机器人搬运工作站 [X,Y,Z]mm ┃ Rot[X,Y ,Z]deg - Generic 300.000　300.000　30.000　0.000　0.000 隐藏注项 包装盒坐标修改为 x轴=300mm，y轴=300mm，z轴=30mm 包装盒被放在机器人右侧 Edit events [X,Y,Z]mm ┃ Rot[X,Y ,Z]deg - Generic 0.000　0.000　0.000　0.000　0.000 图 2.66　包装盒 3D 模型位置重新设置的过程	包装盒将位于机器人的右侧，其具体坐标为 x 轴 = 300 mm、y 轴 = 300 mm、z 轴 = 30 mm，并且包装盒应位于机器人工作空间内部

步骤	创建 ABB 机器人搬运工作站的过程	功能应用
第三十七步	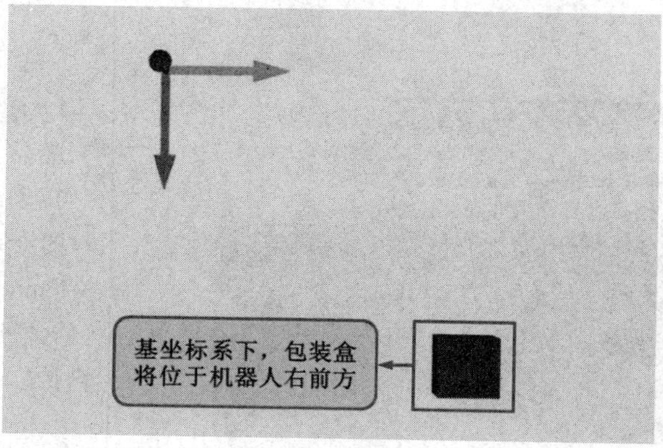 基坐标系下，包装盒将位于机器人右前方 图 2.67　包装盒位置坐标调整后的布局效果	查看包装盒位置坐标调整后的布局效果
第三十八步	 打开"本地文件"，准备调用 ABB 机器人的 3D 模型 图 2.68　打开"本地文件"准备调用 ABB 机器人的 3D 模型	打开"本地文件"，准备调用 ABB 机器人的 3D 模型
第三十九步	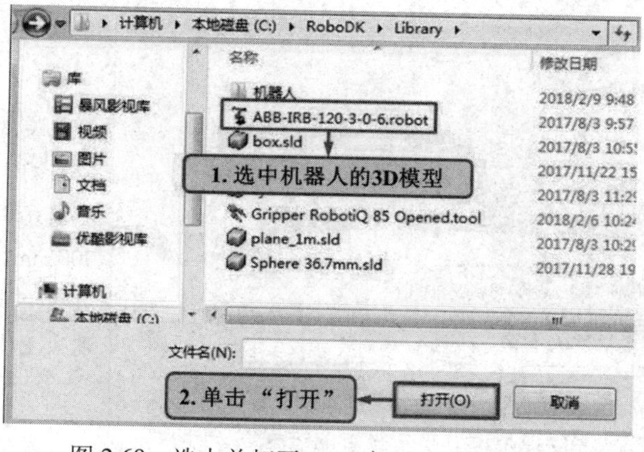 1. 选中机器人的 3D 模型 2. 单击"打开" 图 2.69　选中并打开 ABB 机器人的 3D 模型	指定路径下，选中并打开 ABB 机器人的 3D 模型

续表十三

步骤	创建 ABB 机器人搬运工作站的过程	功能应用
第四十步	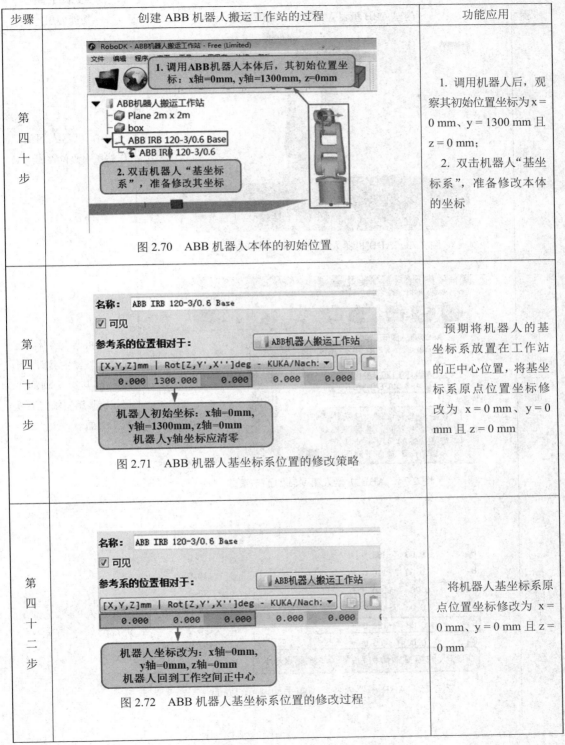图 2.70　ABB 机器人本体的初始位置	1. 调用机器人后，观察其初始位置坐标为 x = 0 mm、y = 1300 mm 且 z = 0 mm； 2. 双击机器人"基坐标系"，准备修改本体的坐标
第四十一步	图 2.71　ABB 机器人基坐标系位置的修改策略	预期将机器人的基坐标系放置在工作站的正中心位置，将基坐标系原点位置坐标修改为 x = 0 mm、y = 0 mm 且 z = 0 mm
第四十二步	图 2.72　ABB 机器人基坐标系位置的修改过程	将机器人基坐标系原点位置坐标修改为 x = 0 mm、y = 0 mm 且 z = 0 mm

图中文字：

第四十步：
1. 调用ABB机器人本体后，其初始位置坐标：x轴=0mm，y轴=1300mm，z=0mm
RoboDK - ABB机器人搬运工作站 - Free (Limited)
文件　编辑　程序
ABB机器人搬运工作站
Plane 2m x 2m
box
ABB IRB 120-3/0.6 Base
ABB IRB 120-3/0.6
2. 双击机器人"基坐标系"，准备修改其坐标

第四十一步：
名称：　ABB IRB 120-3/0.6 Base
可见
参考系的位置相对于：　ABB机器人搬运工作站
[X,Y,Z]mm | Rot[Z,Y',X'']deg - KUKA/Nach:
0.000　1300.000　0.000　0.000　0.000
机器人初始坐标：x轴=0mm，y轴=1300mm，z轴=0mm
机器人y轴坐标应清零

第四十二步：
名称：　ABB IRB 120-3/0.6 Base
可见
参考系的位置相对于：　ABB机器人搬运工作站
[X,Y,Z]mm | Rot[Z,Y',X'']deg - KUKA/Nach:
0.000　0.000　0.000　0.000　0.000
机器人坐标改为：x轴=0mm，y轴=0mm，z轴=0mm
机器人回到工作空间正中心

步骤	创建 ABB 机器人搬运工作站的过程	功能应用
第四十三步	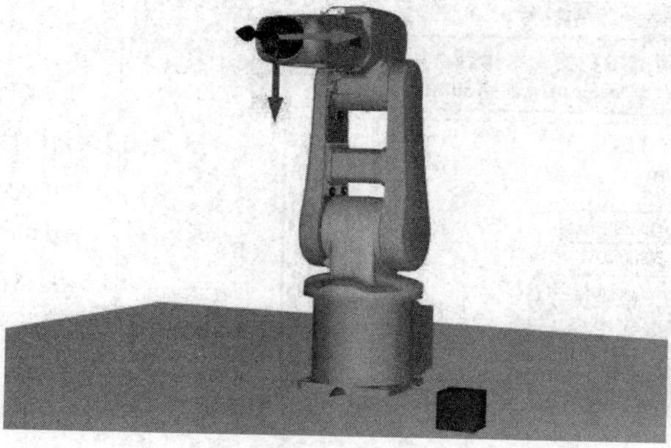 图 2.73　ABB 机器人回到工作站正中心位置	ABB 机器人回到工作站正中心位置的效果
第四十四步	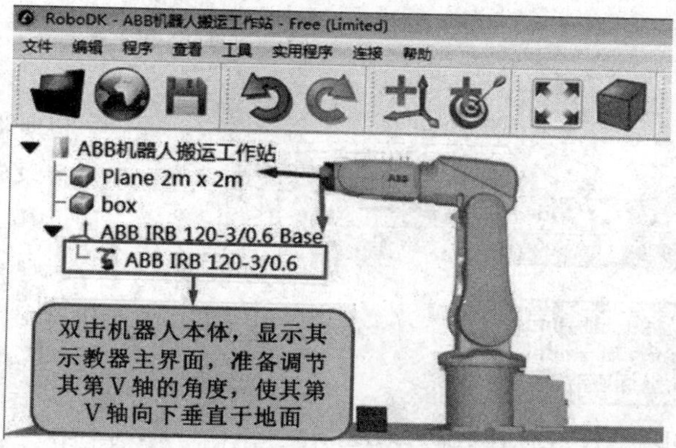 图 2.74　ABB 机器人第 V 轴的调节策略	双击机器人本体，显示其示教器主界面，准备调节其第 V 轴的角度，使其第 V 轴向下垂直于地面
第四十五步	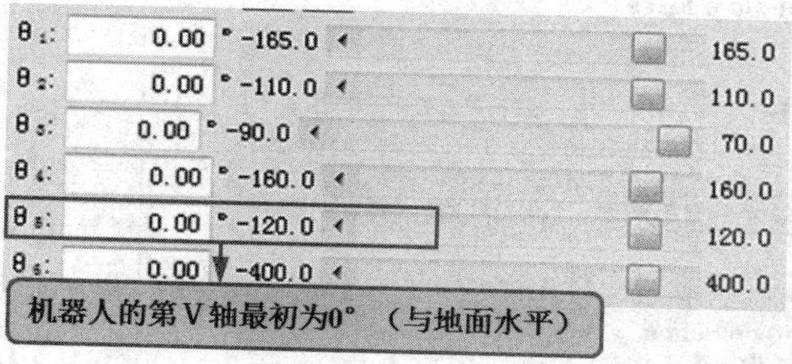 图 2.75　ABB 机器人各关节角手动调节的界面	机器人的第 V 轴最初为 0°（与地面水平）

续表十五

步骤	创建 ABB 机器人搬运工作站的过程	功能应用
第四十六步	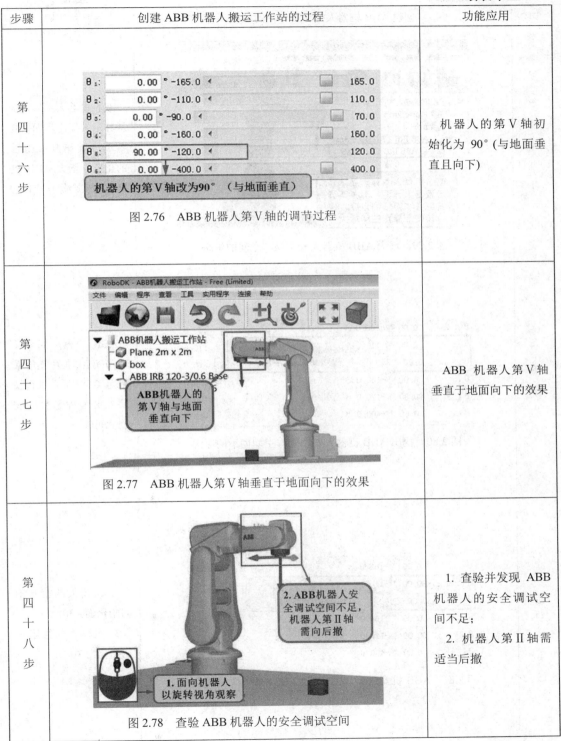图 2.76　ABB 机器人第 V 轴的调节过程	机器人的第 V 轴初始化为 90°（与地面垂直且向下）
第四十七步	图 2.77　ABB 机器人第 V 轴垂直于地面向下的效果	ABB 机器人第 V 轴垂直于地面向下的效果
第四十八步	图 2.78　查验 ABB 机器人的安全调试空间	1. 查验并发现 ABB 机器人的安全调试空间不足； 2. 机器人第 II 轴需适当后撤

步骤	创建 ABB 机器人搬运工作站的过程	功能应用
第四十九步	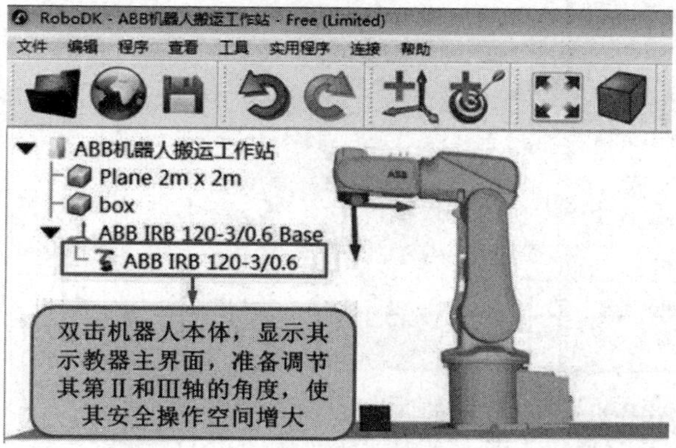 图 2.79　增大 ABB 机器人安全操作空间的策略	双击机器人本体，显示其示教器主界面，准备调节其第 II 和 III 轴的角度，增大 ABB 机器人的安全操作空间
第五十步	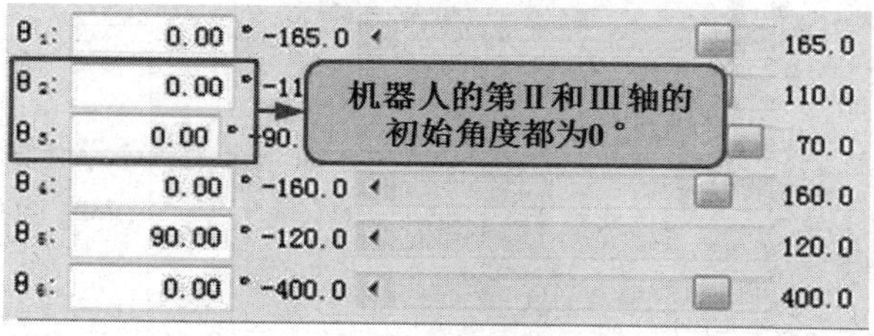 图 2.80　找出 ABB 机器人安全操作空间偏小的原因	ABB 机器人的第 II 轴和第 III 轴关节角最初为 0°，导致工程技术人员编程示教的安全空间偏小
第五十一步	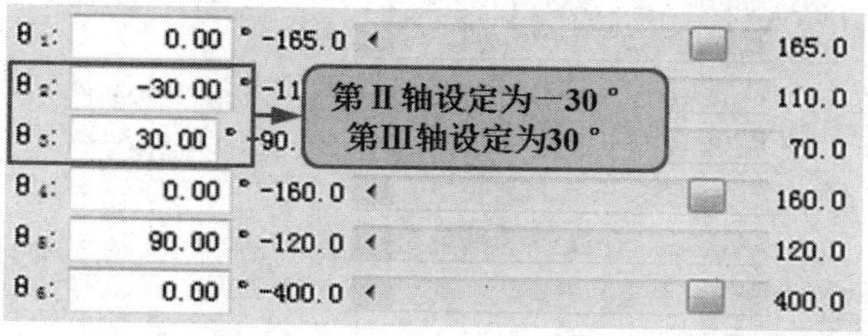 图 2.81　ABB 机器人第 II 轴和第 III 轴关节角调节的过程	1. 机器人的第 II 轴初始化为 −30°； 2. 机器人的第 III 轴初始化为 30°

续表十七

步骤	创建 ABB 机器人搬运工作站的过程	功能应用
第五十二步	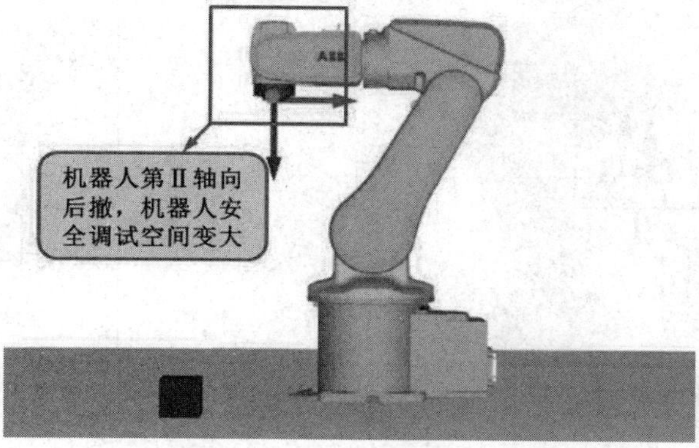 　图 2.82　ABB 机器人安全操作空间适当增大的效果	ABB 机器人安全操作空间适当增大的效果
第五十三步	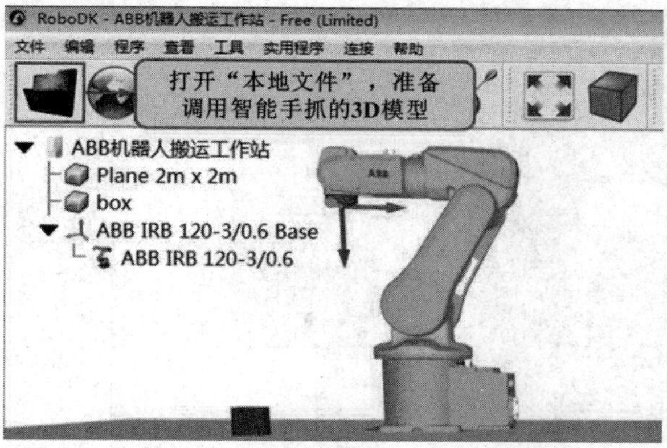 　图 2.83　准备调用 ABB 机器人智能手抓的 3D 模型	打开"本地文件"，准备调用 ABB 机器人智能手抓的 3D 模型
第五十四步	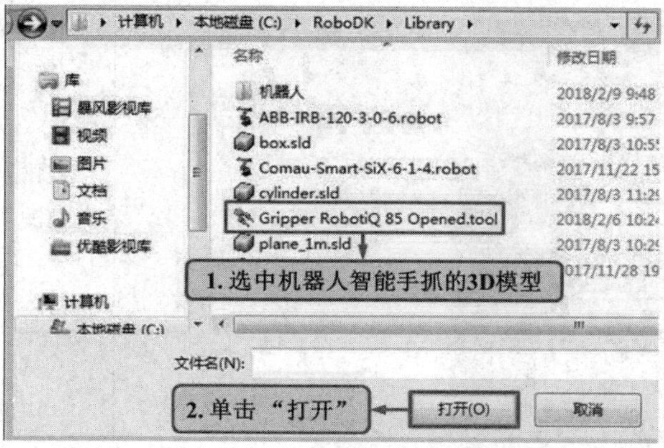 　图 2.84　调用 ABB 机器人智能手抓 3D 模型的过程	指定路径下，选中并打开 ABB 机器人智能手抓的 3D 模型

续表十八

步骤	创建 ABB 机器人搬运工作站的过程	功能应用
第五十五步	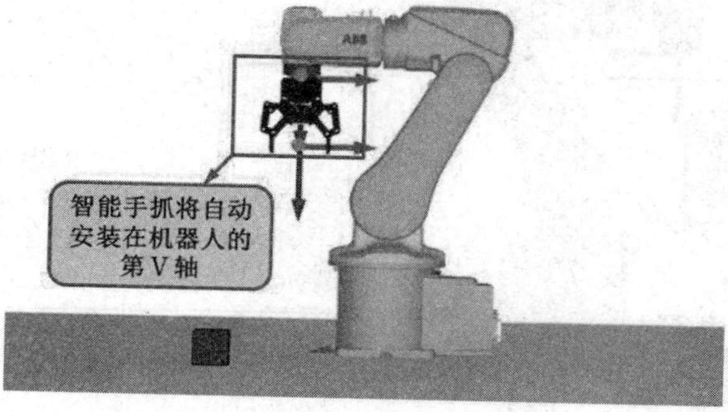 智能手抓将自动安装在机器人的第 V 轴 图 2.85　ABB 机器人智能手抓的自动安装	ABB 机器人智能手抓的自动安装效果
第五十六步	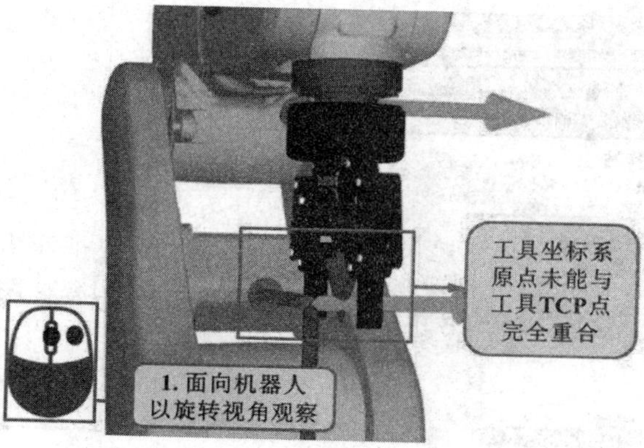 工具坐标系原点未能与工具TCP点完全重合 1.面向机器人以旋转视角观察 图 2.86　以旋转视角查验 ABB 机器人智能手抓自动安装的效果	1. 以旋转视角查验 ABB 机器人智能手抓自动安装的效果； 2. 工具坐标系原点未能与工具 TCP 点完全重合
第五十七步	 双击机器人工具，准备修改TCP坐标系的位置，使其与手抓中心点重合 图 2.87　准备修正 ABB 机器人智能手抓 TCP 点的位置	双击机器人工具，准备修改 TCP 坐标系的位置，使其与手抓中心点重合

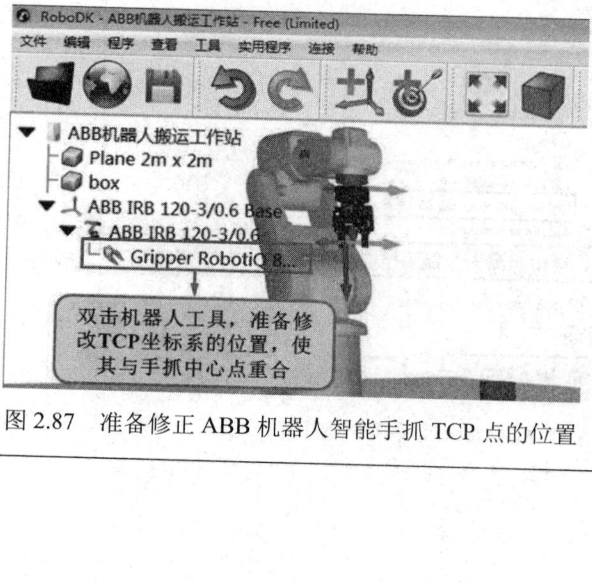

步骤	创建 ABB 机器人搬运工作站的过程	功能应用
第五十八步	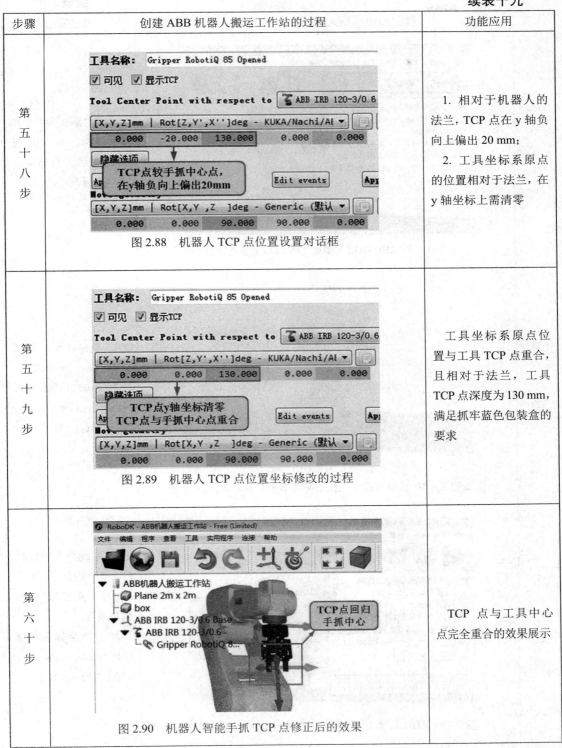图 2.88　机器人 TCP 点位置设置对话框	1. 相对于机器人的法兰，TCP 点在 y 轴负向上偏出 20 mm； 2. 工具坐标系原点的位置相对于法兰，在 y 轴坐标上需清零
第五十九步	图 2.89　机器人 TCP 点位置坐标修改的过程	工具坐标系原点位置与工具 TCP 点重合，且相对于法兰，工具 TCP 点深度为 130 mm，满足抓牢蓝色包装盒的要求
第六十步	图 2.90　机器人智能手抓 TCP 点修正后的效果	TCP 点与工具中心点完全重合的效果展示

步骤	创建 ABB 机器人搬运工作站的过程	功能应用
第六十一步	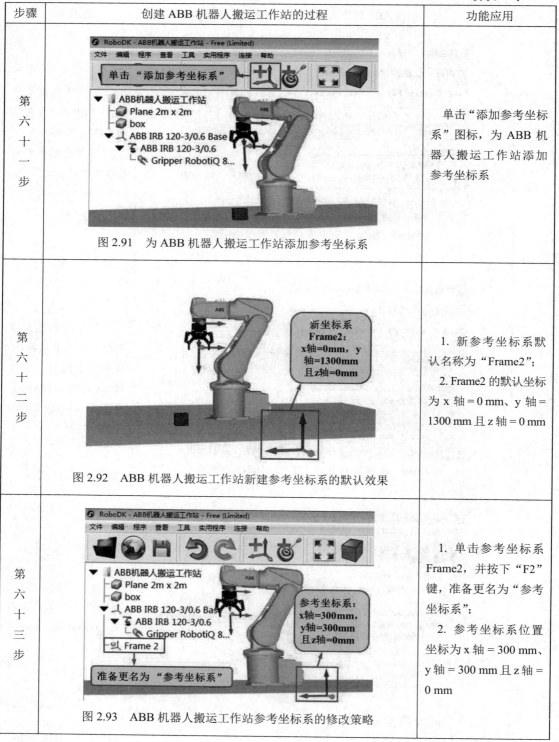 单击"添加参考坐标系" ▼ ▌ABB机器人搬运工作站 　🔷 Plane 2m x 2m 　🔷 box 　▼ ⚙ ABB IRB 120-3/0.6 Base 　　▼ 📐 ABB IRB 120-3/0.6 　　　📎 Gripper RobotiQ 8… 图 2.91　为 ABB 机器人搬运工作站添加参考坐标系	单击"添加参考坐标系"图标,为 ABB 机器人搬运工作站添加参考坐标系
第六十二步	新坐标系 Frame2: x轴=0mm,y轴=1300mm 且z轴=0mm 图 2.92　ABB 机器人搬运工作站新建参考坐标系的默认效果	1. 新参考坐标系默认名称为"Frame2"; 2. Frame2 的默认坐标为 x 轴 = 0 mm、y 轴 = 1300 mm 且 z 轴 = 0 mm
第六十三步	🤖 RoboDK - ABB机器人搬运工作站 - Free (Limited) 文件　编辑　程序　查看　工具　实用程序　连接　帮助 ▼ ▌ABB机器人搬运工作站 　🔷 Plane 2m x 2m 　🔷 box 　▼ ⚙ ABB IRB 120-3/0.6 Bas 　　▼ 📐 ABB IRB 120-3/0.6 　　　📎 Gripper RobotiQ 8… 　📐 Frame 2 准备更名为"参考坐标系" 参考坐标系: x轴=300mm, y轴=300mm 且z轴=0mm 图 2.93　ABB 机器人搬运工作站参考坐标系的修改策略	1. 单击参考坐标系 Frame2,并按下"F2"键,准备更名为"参考坐标系"; 2. 参考坐标系位置坐标为 x 轴 = 300 mm、y 轴 = 300 mm 且 z 轴 = 0 mm

步骤	创建 ABB 机器人搬运工作站的过程	功能应用
第六十四步	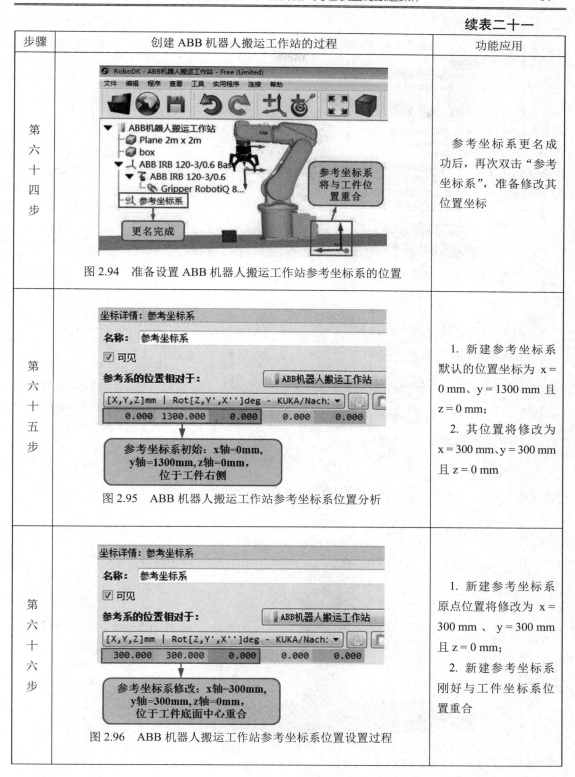图 2.94　准备设置 ABB 机器人搬运工作站参考坐标系的位置	参考坐标系更名成功后，再次双击"参考坐标系"，准备修改其位置坐标
第六十五步	图 2.95　ABB 机器人搬运工作站参考坐标系位置分析	1. 新建参考坐标系默认的位置坐为 x = 0 mm、y = 1300 mm 且 z = 0 mm； 2. 其位置将修改为 x = 300 mm、y = 300 mm 且 z = 0 mm
第六十六步	图 2.96　ABB 机器人搬运工作站参考坐标系位置设置过程	1. 新建参考坐标系原点位置将修改为 x = 300 mm 、 y = 300 mm 且 z = 0 mm； 2. 新建参考坐标系刚好与工件坐标系位置重合

步骤	创建 ABB 机器人搬运工作站的过程	功能应用
第六十七步	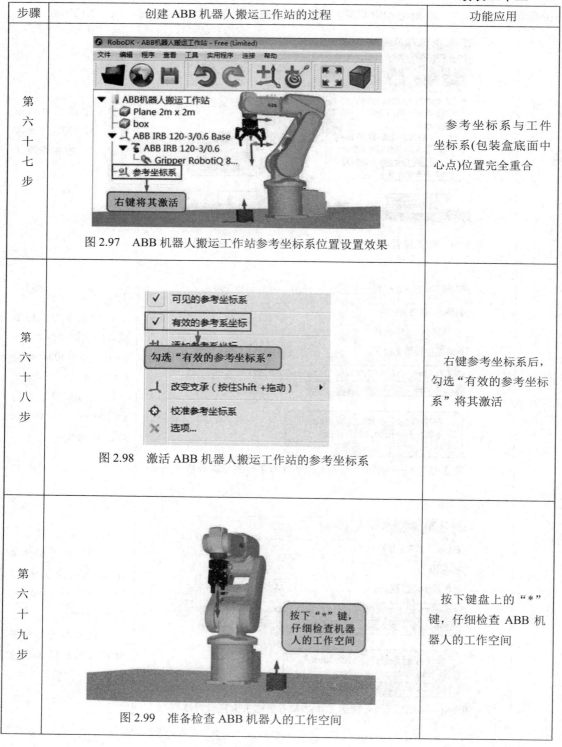图 2.97　ABB 机器人搬运工作站参考坐标系位置设置效果	参考坐标系与工件坐标系(包装盒底面中心点)位置完全重合
第六十八步	图 2.98　激活 ABB 机器人搬运工作站的参考坐标系	右键参考坐标系后，勾选"有效的参考坐标系"将其激活
第六十九步	图 2.99　准备检查 ABB 机器人的工作空间	按下键盘上的"＊"键，仔细检查 ABB 机器人的工作空间

步骤	创建 ABB 机器人搬运工作站的过程	功能应用
第七十步	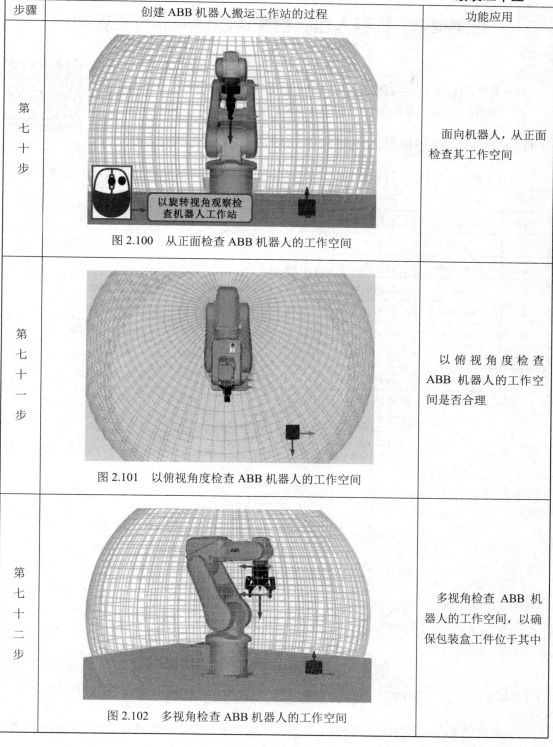 图 2.100　从正面检查 ABB 机器人的工作空间	面向机器人，从正面检查其工作空间
第七十一步	图 2.101　以俯视角度检查 ABB 机器人的工作空间	以俯视角度检查 ABB 机器人的工作空间是否合理
第七十二步	图 2.102　多视角检查 ABB 机器人的工作空间	多视角检查 ABB 机器人的工作空间，以确保包装盒工件位于其中

任务 2-3　机器人包装盒搬运目标点的轨迹规划

任务目标：

(1) 熟悉机器人包装盒搬运目标点轨迹规划的方法。

(2) 掌握机器人包装盒搬运目标点轨迹规划的流程。

子任务 2-3-1　熟悉机器人包装盒搬运目标点轨迹规划的方法

如表2.5所示，机器人目标点的轨迹规划可帮助机器人完成包装盒的搬运和放置任务。

表 2.5　机器人目标点的属性和坐标值

序号	目标点名称	目标点属性	目标点坐标(相对于参考坐标系)
1	home	关节型	x 轴 = –133 mm, y 轴 = –300 mm, z 轴 = 391.827 mm
2	Pickready	直角坐标型	x 轴 = 0 mm, y 轴 = 0 mm, z 轴 = 180 mm
3	pick	直角坐标型	x 轴 = 0 mm, y 轴 = 0 mm, z 轴 = 60 mm
4	pickend	直角坐标型	x 轴 = 0 mm, y 轴 = 0 mm, z 轴 = 150 mm
5	putready	直角坐标型	x 轴 = 0 mm, y 轴 = –600 mm, z 轴 = 150 mm
6	put	直角坐标型	x 轴 = 0 mm, y 轴 = –600 mm, z 轴 = 60 mm
7	putend	直角坐标型	x 轴 = 0 mm, y 轴 = 0 mm, z 轴 = 180 mm

如图 2.103 所示，机器人目标点的轨迹规划可以利用示教器来完成。

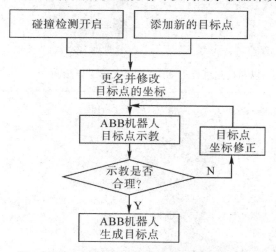

图 2.103　ABB 机器人目标点轨迹规划的流程

子任务 2-3-2　掌握机器人包装盒搬运目标点轨迹规划的流程

接下来的表 2.6 详细描述了 ABB 机器人完成包装盒搬运任务目标点轨迹规划的流程。

表 2.6　ABB 机器人完成包装盒搬运任务目标点轨迹规划的流程

步骤	ABB 机器人完成包装盒搬运任务目标点轨迹规划	功能应用
第一步	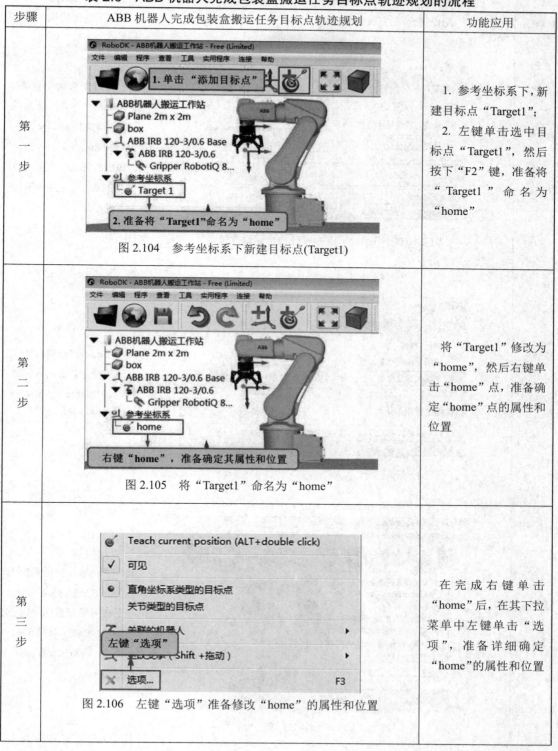 图 2.104　参考坐标系下新建目标点(Target1)	1. 参考坐标系下，新建目标点"Target1"； 2. 左键单击选中目标点"Target1"，然后按下"F2"键，准备将"Target1"命名为"home"
第二步	图 2.105　将"Target1"命名为"home"	将"Target1"修改为"home"，然后右键单击"home"点，准备确定"home"点的属性和位置
第三步	图 2.106　左键"选项"准备修改"home"的属性和位置	在完成右键单击"home"后，在其下拉菜单中左键单击"选项"，准备详细确定"home"的属性和位置

续表一

步骤	ABB 机器人完成包装盒搬运任务目标点轨迹规划	功能应用
第四步	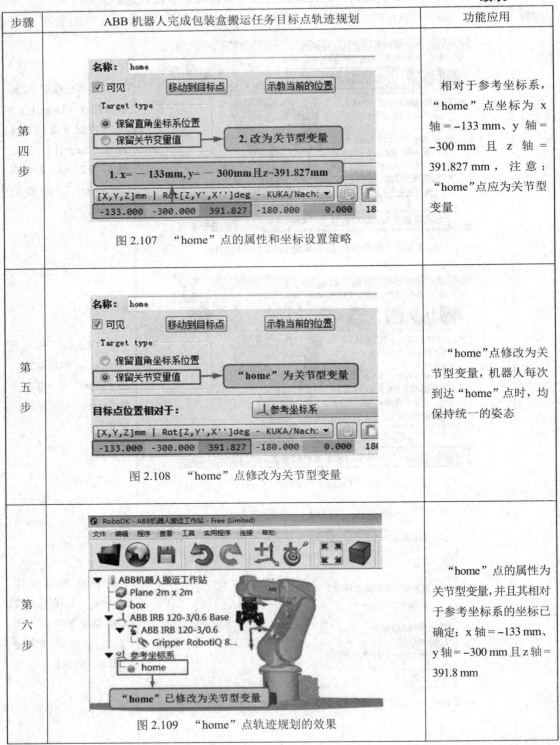 图 2.107　"home"点的属性和坐标设置策略	相对于参考坐标系，"home"点坐标为 x 轴 = –133 mm、y 轴 = –300 mm 且 z 轴 = 391.827 mm，注意："home"点应为关节型变量
第五步	图 2.108　"home"点修改为关节型变量	"home"点修改为关节型变量，机器人每次到达"home"点时，均保持统一的姿态
第六步	图 2.109　"home"点轨迹规划的效果	"home"点的属性为关节型变量，并且其相对于参考坐标系的坐标已确定：x 轴 = –133 mm、y 轴 = –300 mm 且 z 轴 = 391.8 mm

续表二

步骤	ABB 机器人完成包装盒搬运任务目标点轨迹规划	功能应用
第七步	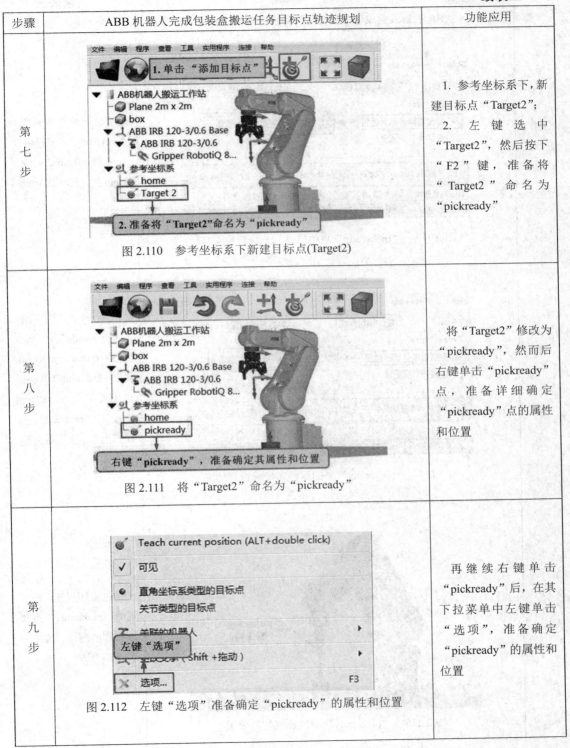图 2.110　参考坐标系下新建目标点(Target2)	1. 参考坐标系下，新建目标点"Target2"； 2. 左键选中"Target2"，然后按下"F2"键，准备将"Target2"命名为"pickready"
第八步	图 2.111　将"Target2"命名为"pickready"	将"Target2"修改为"pickready"，然而后右键单击"pickready"点，准备详细确定"pickready"点的属性和位置
第九步	图 2.112　左键"选项"准备确定"pickready"的属性和位置	再继续右键单击"pickready"后，在其下拉菜单中左键单击"选项"，准备确定"pickready"的属性和位置

续表三

步骤	ABB 机器人完成包装盒搬运任务目标点轨迹规划	功能应用
第十步	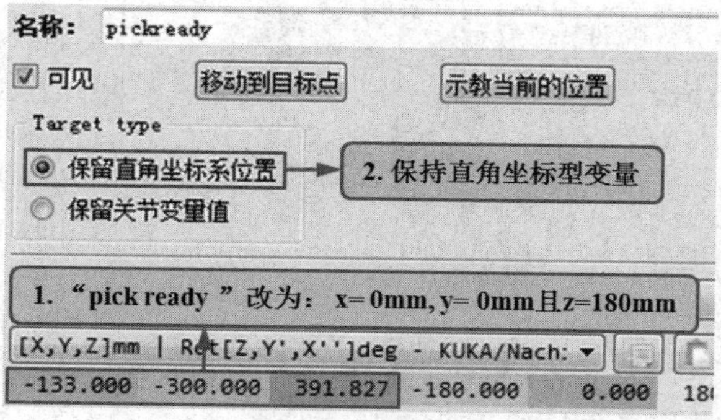 **名称:** pickready ☑ 可见　　　移动到目标点　　　示教当前的位置 Target type ◉ 保留直角坐标系位置　→　2. 保持直角坐标型变量 ◯ 保留关节变量值 1. "pick ready" 改为:　x = 0mm,y = 0mm且z = 180mm [X,Y,Z]mm | Ret[Z,Y',X'']deg - KUKA/Nach:▼ -133.000　-300.000　391.827　-180.000　0.000　18 图 2.113　　"pickready"点的属性和坐标设置策略	相对于参考坐标系,"pickready"点坐标将设为 x 轴 = 0 mm、y 轴 = 0 mm 且 z 轴 = 180 mm
第十一步	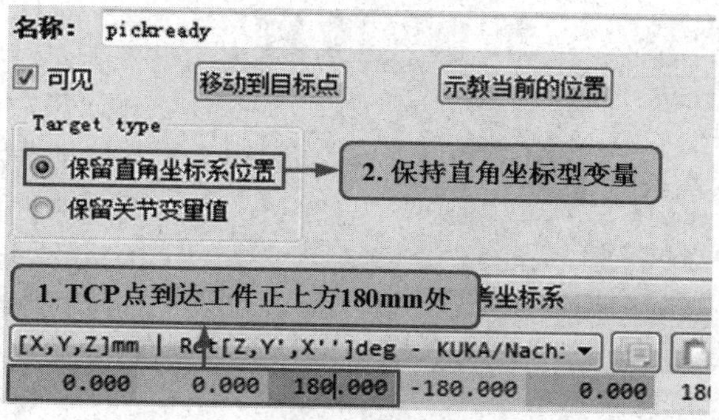 **名称:** pickready ☑ 可见　　　移动到目标点　　　示教当前的位置 Target type ◉ 保留直角坐标系位置　→　2. 保持直角坐标型变量 ◯ 保留关节变量值 1. TCP点到达工件正上方180mm处　考坐标系 [X,Y,Z]mm | Ret[Z,Y',X'']deg - KUKA/Nach:▼ 0.000　　0.000　180.000　-180.000　0.000　18 图 2.114　　"pickready"点的属性和坐标设置情况	"pickready"点坐标改为 x = 0 mm、y = 0 mm 且 z = 180 mm(TCP 将抵达工件正上方 180 mm 处),且"pickready"点确定为直角坐标系变量
第十二步	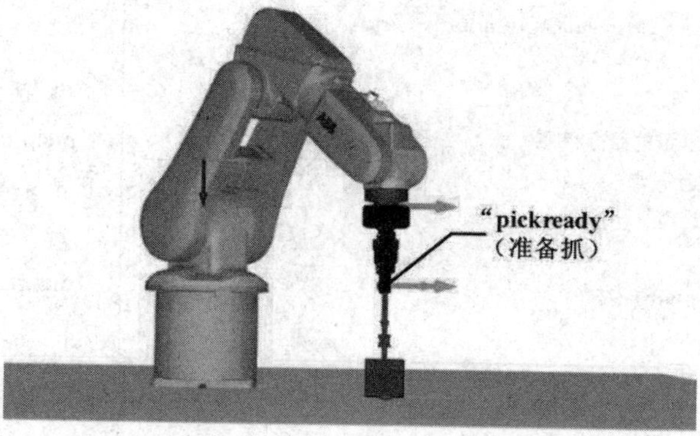 "pickready" (准备抓) 图 2.115　　"pickready"点轨迹规划的效果	通过旋转视角,仔细观察"pickready"点轨迹规划的结果,其位于工件正上方

续表四

步骤	ABB 机器人完成包装盒搬运任务目标点轨迹规划	功能应用
第十三步	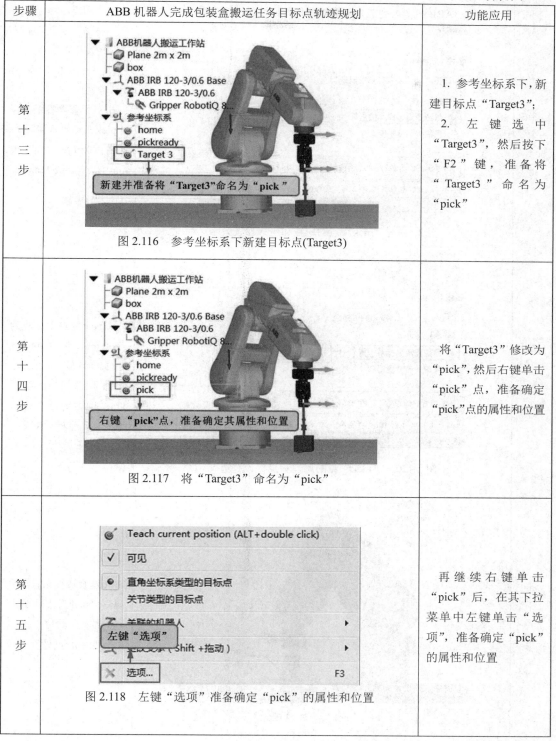图 2.116 参考坐标系下新建目标点(Target3)	1. 参考坐标系下，新建目标点"Target3"； 2. 左键选中"Target3"，然后按下"F2"键，准备将"Target3"命名为"pick"
第十四步	图 2.117 将"Target3"命名为"pick"	将"Target3"修改为"pick"，然后右键单击"pick"点，准备确定"pick"点的属性和位置
第十五步	图 2.118 左键"选项"准备确定"pick"的属性和位置	再继续右键单击"pick"后，在其下拉菜单中左键单击"选项"，准备确定"pick"的属性和位置

续表五

步骤	ABB 机器人完成包装盒搬运任务目标点轨迹规划	功能应用
第十六步	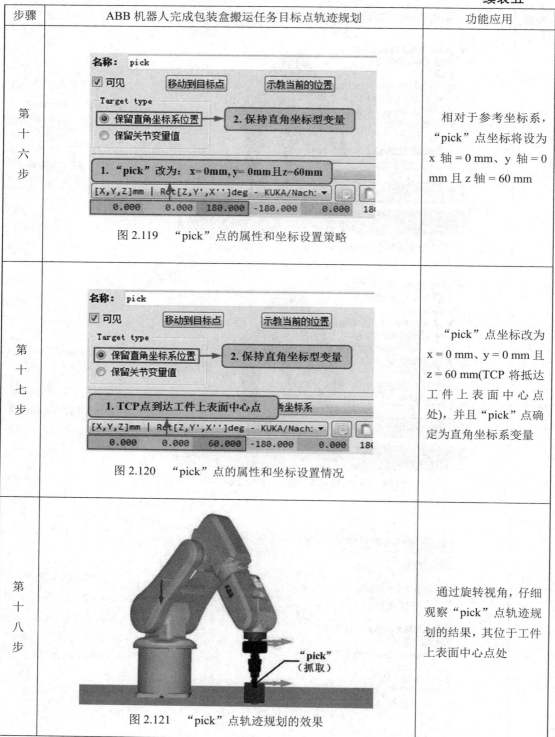图 2.119　"pick"点的属性和坐标设置策略	相对于参考坐标系，"pick"点坐标将设为 x 轴 = 0 mm、y 轴 = 0 mm 且 z 轴 = 60 mm
第十七步	图 2.120　"pick"点的属性和坐标设置情况	"pick"点坐标改为 x = 0 mm、y = 0 mm 且 z = 60 mm(TCP 将抵达工件上表面中心点处)，并且"pick"点确定为直角坐标系变量
第十八步	图 2.121　"pick"点轨迹规划的效果	通过旋转视角，仔细观察"pick"点轨迹规划的结果，其位于工件上表面中心点处

续表六

步骤	ABB 机器人完成包装盒搬运任务目标点轨迹规划	功能应用
第十九步	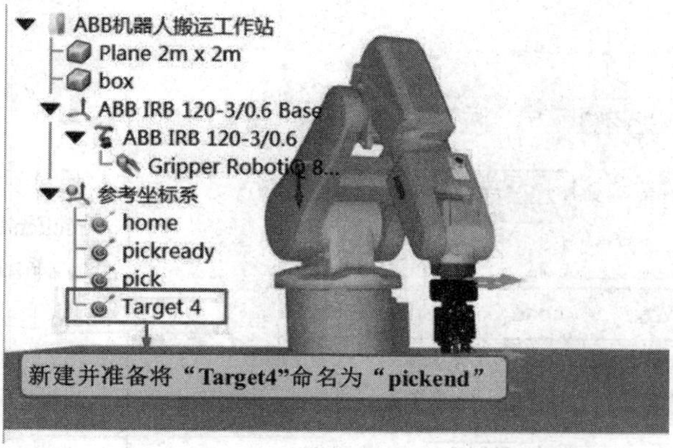 图 2.122　参考坐标系下新建目标点(Target4)	1. 参考坐标系下，新建目标点"Target4"； 2. 左键选中"Target4"，然后按下"F2"键，准备将"Target4"命名为"pickend"
第二十步	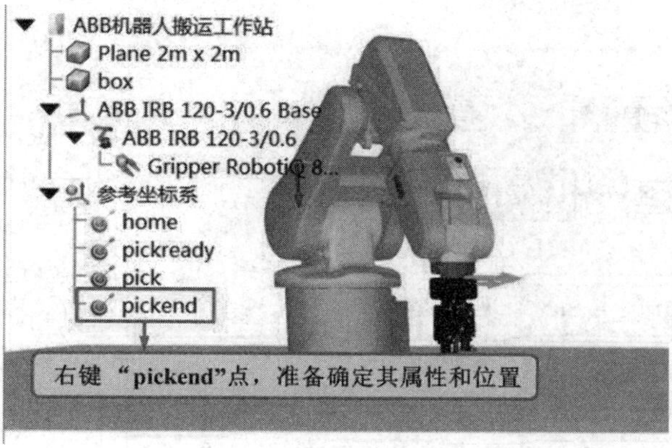 图 2.123　将"Target4"命名为"pickend"	将"Target4"修改为"pickend"，然后右键单击"pickend"点，准备确定"pickend"点的属性和位置
第二十一步	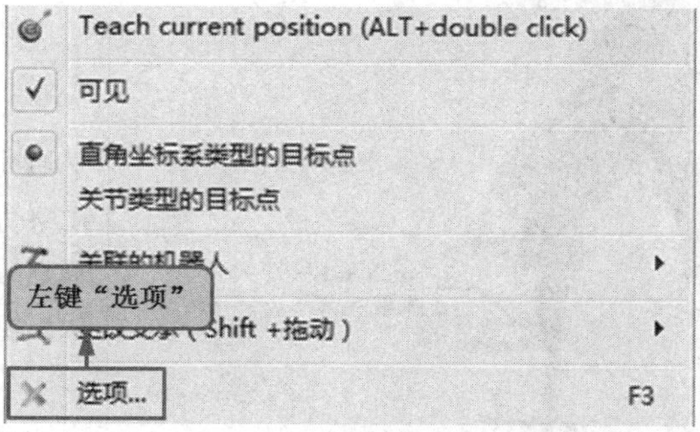 图 2.124　左键"选项"准备确定"pickend"的属性和位置	再继续右键单击"pickend"后，在其下拉菜单中左键单击"选项"，准备确定"pickend"的属性和位置

步骤	ABB 机器人完成包装盒搬运任务目标点轨迹规划	功能应用
第二十二步	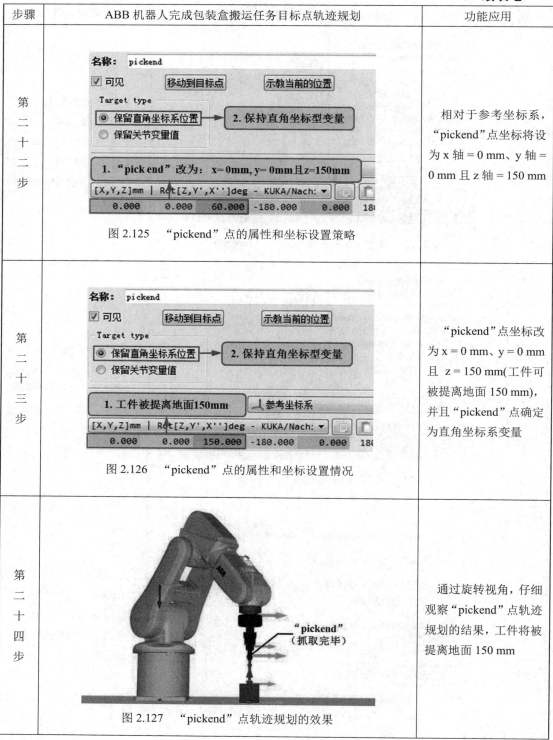名称: pickend ☑ 可见　　移动到目标点　　示教当前的位置 Target type ◉ 保留直角坐标系位置 → 2. 保持直角坐标型变量 ◯ 保留关节变量值 1. "pick end" 改为: x=0mm, y=0mm且z=150mm [X,Y,Z]mm | Rot[Z,Y',X'']deg - KUKA/Nach: ▾ 0.000　0.000　60.000　-180.000　0.000　18C 图 2.125　"pickend"点的属性和坐标设置策略	相对于参考坐标系,"pickend"点坐标将设为 x 轴 = 0 mm、y 轴 = 0 mm 且 z 轴 = 150 mm
第二十三步	名称: pickend ☑ 可见　　移动到目标点　　示教当前的位置 Target type ◉ 保留直角坐标系位置 → 2. 保持直角坐标型变量 ◯ 保留关节变量值 1. 工件被提离地面150mm　　参考坐标系 [X,Y,Z]mm | Rot[Z,Y',X'']deg - KUKA/Nach: ▾ 0.000　0.000　150.000　-180.000　0.000　18C 图 2.126　"pickend"点的属性和坐标设置情况	"pickend"点坐标改为 x = 0 mm、y = 0 mm 且 z = 150 mm(工件可被提离地面 150 mm),并且 "pickend"点确定为直角坐标系变量
第二十四步	"pickend" (抓取完毕) 图 2.127　"pickend"点轨迹规划的效果	通过旋转视角,仔细观察 "pickend"点轨迹规划的结果,工件将被提离地面 150 mm

续表八

步骤	ABB 机器人完成包装盒搬运任务目标点轨迹规划	功能应用
第二十五步	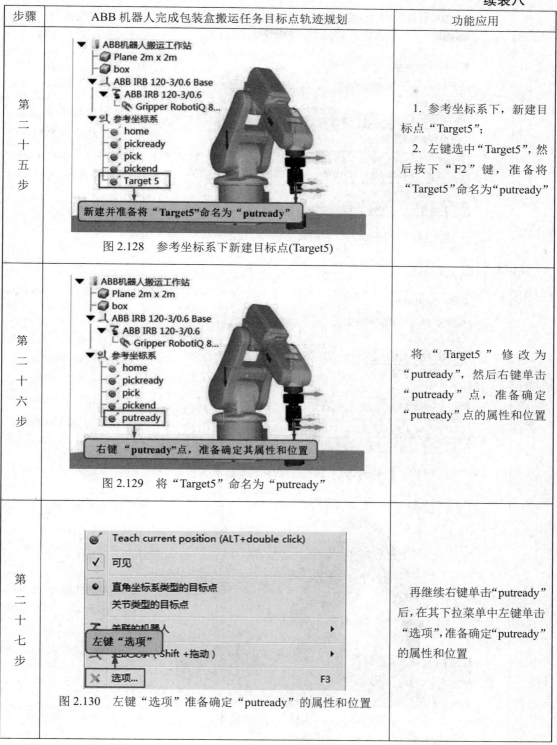图 2.128　参考坐标系下新建目标点(Target5)	1. 参考坐标系下，新建目标点"Target5"； 2. 左键选中"Target5"，然后按下"F2"键，准备将"Target5"命名为"putready"
第二十六步	图 2.129　将"Target5"命名为"putready"	将"Target5"修改为"putready"，然后右键单击"putready"点，准备确定"putready"点的属性和位置
第二十七步	图 2.130　左键"选项"准备确定"putready"的属性和位置	再继续右键单击"putready"后，在其下拉菜单中左键单击"选项"，准备确定"putready"的属性和位置

步骤	ABB 机器人完成包装盒搬运任务目标点轨迹规划	功能应用
第二十八步	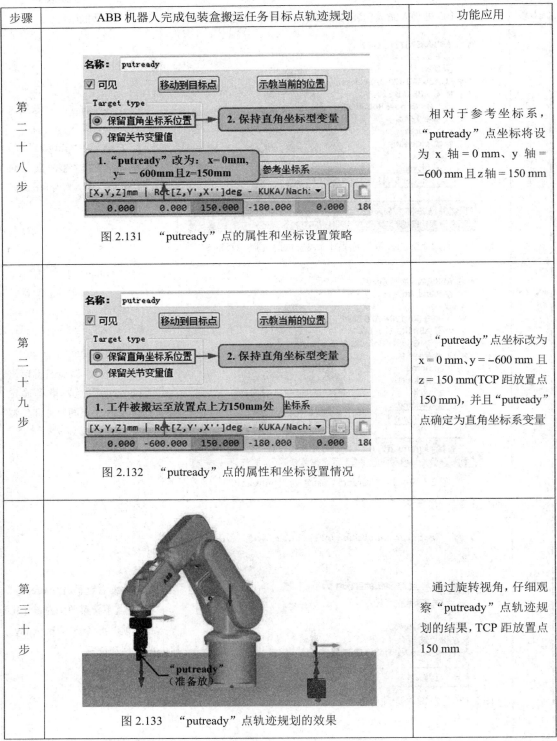　图 2.131　"putready"点的属性和坐标设置策略	相对于参考坐标系，"putready"点坐标将设为 x 轴 = 0 mm、y 轴 = −600 mm 且 z 轴 = 150 mm
第二十九步	图 2.132　"putready"点的属性和坐标设置情况	"putready"点坐标改为 x = 0 mm、y = −600 mm 且 z = 150 mm(TCP 距放置点 150 mm)，并且"putready"点确定为直角坐标系变量
第三十步	图 2.133　"putready"点轨迹规划的效果	通过旋转视角，仔细观察"putready"点轨迹规划的结果，TCP 距放置点 150 mm

续表十

步骤	ABB 机器人完成包装盒搬运任务目标点轨迹规划	功能应用
第三十一步	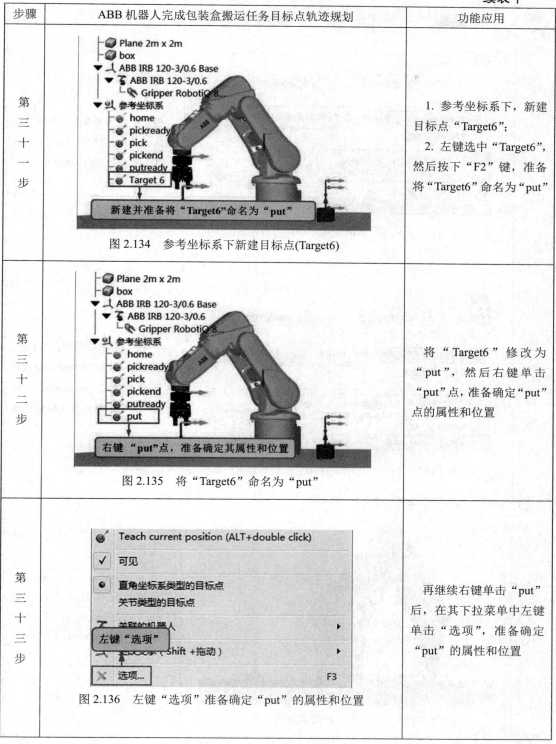图 2.134　参考坐标系下新建目标点(Target6)	1. 参考坐标系下，新建目标点"Target6"； 2. 左键选中"Target6"，然后按下"F2"键，准备将"Target6"命名为"put"
第三十二步	图 2.135　将"Target6"命名为"put"	将"Target6"修改为"put"，然后右键单击"put"点，准备确定"put"点的属性和位置
第三十三步	图 2.136　左键"选项"准备确定"put"的属性和位置	再继续右键单击"put"后，在其下拉菜单中左键单击"选项"，准备确定"put"的属性和位置

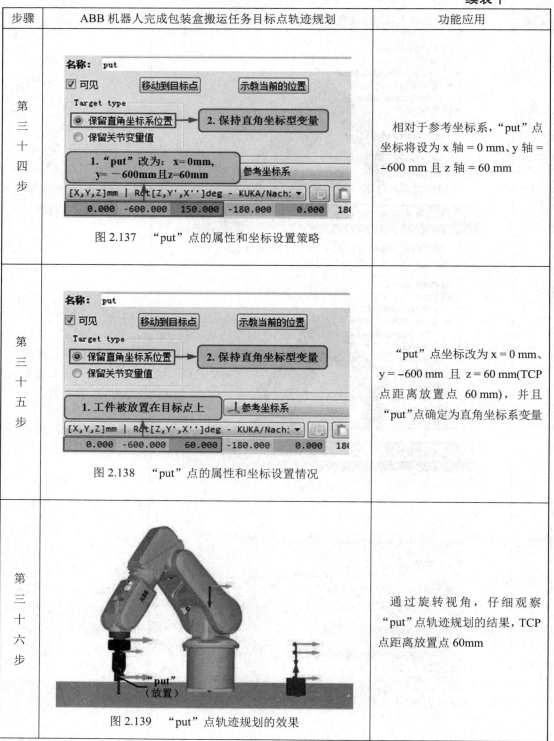

步骤	ABB 机器人完成包装盒搬运任务目标点轨迹规划	功能应用
第三十四步	**名称：** put ☑ 可见　　移动到目标点　　示教当前的位置 Target type ◉ 保留直角坐标系位置 → 2. 保持直角坐标型变量 ◯ 保留关节变量值 1. "put" 改为：x = 0mm，y = −600mm 且 z = 60mm　参考坐标系 [X,Y,Z]mm | Rot[Z,Y',X'']deg - KUKA/Nach: ▼ 0.000　−600.000　150.000　−180.000　0.000　180 图 2.137　"put" 点的属性和坐标设置策略	相对于参考坐标系，"put"点坐标将设为 x 轴 = 0 mm、y 轴 = −600 mm 且 z 轴 = 60 mm
第三十五步	**名称：** put ☑ 可见　　移动到目标点　　示教当前的位置 Target type ◉ 保留直角坐标系位置 → 2. 保持直角坐标型变量 ◯ 保留关节变量值 1. 工件被放置在目标点上　参考坐标系 [X,Y,Z]mm | Rot[Z,Y',X'']deg - KUKA/Nach: ▼ 0.000　−600.000　60.000　−180.000　0.000　180 图 2.138　"put" 点的属性和坐标设置情况	"put"点坐标改为 x = 0 mm、y = −600 mm 且 z = 60 mm(TCP 点距离放置点 60 mm)，并且 "put"点确定为直角坐标系变量
第三十六步	"put" （放置） 图 2.139　"put" 点轨迹规划的效果	通过旋转视角，仔细观察 "put"点轨迹规划的结果，TCP 点距离放置点 60mm

续表十二

步骤	ABB 机器人完成包装盒搬运任务目标点轨迹规划	功能应用
第三十七步	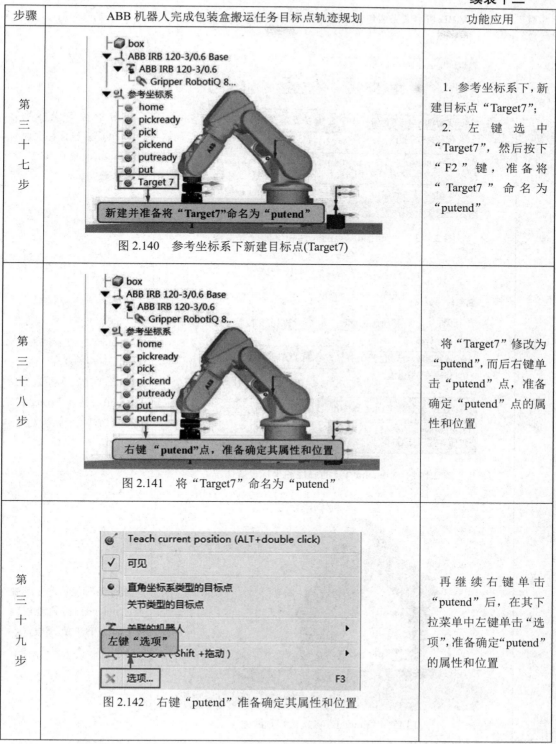图 2.140　参考坐标系下新建目标点(Target7)	1. 参考坐标系下，新建目标点"Target7"； 2. 左键选中"Target7"，然后按下"F2"键，准备将"Target7"命名为"putend"
第三十八步	图 2.141　将"Target7"命名为"putend"	将"Target7"修改为"putend"，而后右键单击"putend"点，准备确定"putend"点的属性和位置
第三十九步	图 2.142　右键"putend"准备确定其属性和位置	再继续右键单击"putend"后，在其下拉菜单中左键单击"选项"，准备确定"putend"的属性和位置

步骤	ABB 机器人完成包装盒搬运任务目标点轨迹规划	功能应用
第四十步	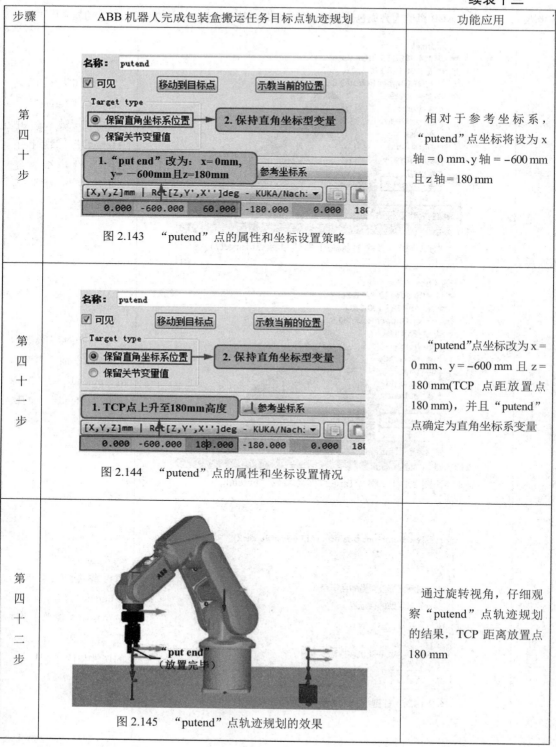图 2.143　"putend"点的属性和坐标设置策略	相对于参考坐标系，"putend"点坐标将设为 x 轴＝0 mm、y 轴＝–600 mm 且 z 轴＝180 mm
第四十一步	图 2.144　"putend"点的属性和坐标设置情况	"putend"点坐标改为 x＝0 mm、y＝–600 mm 且 z＝180 mm(TCP 点距放置点 180 mm)，并且"putend"点确定为直角坐标系变量
第四十二步	图 2.145　"putend"点轨迹规划的效果	通过旋转视角，仔细观察"putend"点轨迹规划的结果，TCP 距离放置点 180 mm

我们应用工业机器人仿真和离线编程软件 RoboDK3.2 或者 RoboDK3.5，通过表 2.6 中展示的实操步骤，基本实现了 ABB 机器人完成包装盒搬运任务所需目标点的轨迹规划。

ABB 机器人完成包装盒搬运任务的工作站建成后，首先通过示教器的主界面确定机器人在"home"点时的串联六轴关节角状态，并在参考坐标系(工件坐标系)下设定"home"点 x 轴、y 轴和 z 轴的精细化坐标，然后确定机器人的"home"点属于关节型变量。

其次，我们陆续沿着"pickready"(准备抓)→"pick"(抓取)→"pickend"(抓取完毕)→"putready"(准备放)→"put"(放置)→"putend"(放置完毕)目标点行进的顺序，在参考坐标系(工件坐标系)下逐一设定上述六个主要目标点 x 轴、y 轴和 z 轴的精细化坐标(笛卡尔坐标)，并且明确上述六个主要目标点为直角坐标型变量。

最终，当机器人所有搬运和放置动作的目标点都示教完成时，我们再次让机器人回到"home"点，等待工程技术人员进一步的示教编程。如图 2.146 所示，为 ABB IRB 120-3/0.6 机器人完成"七大目标点"设定的效果图。

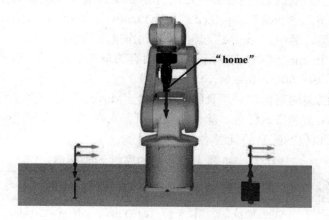

图 2.146　ABB 机器人结束搬运任务目标点轨迹规划后回到"home"点

任务 2-4　机器人包装盒搬运目标点的示教编程

任务目标：
(1) 熟悉机器人包装盒搬运目标点示教编程的方法。
(2) 掌握机器人包装盒搬运目标点示教编程的流程。

子任务 2-4-1　熟悉机器人包装盒搬运目标点示教编程的方法

项目二任务四

如图 2.147 所示，我们将沿着"home"→"pickready"→"pick"→"pickend"→"putready"→"put"→"putend"→"home"的目标点顺序，对 ABB 机器人完成包装盒搬运和放置任务中所有的目标点进行示教编程(包括为目标点添加运动指令和动作指令)。

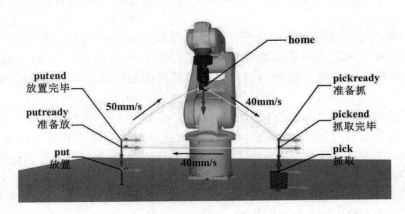

图 2.147　ABB IRB 120-3/0.6 型机器人完成包装盒搬运任务的基本情况

　　ABB 机器人完成包装盒搬运任务所需的目标点及其指令如表 2.7 所示，表中归纳了"home"、"pickready"、"pick"、"pickend"、"putready"、"put"和"putend"这七大目标点的坐标和运动类型。其中，"home"点的到达动作采用关节运动指令"MoveJ"，这是为了保证机器人处于"home"点时，其六个轴保持固有的最佳姿态，即：$\theta_1 = 0°$，$\theta_2 = -30°$，$\theta_3 = 30°$，$\theta_4 = 0°$，$\theta_5 = 90°$，$\theta_6 = 0°$。

　　其余各目标点的到达动作均采用直线运动指令"MoveL"，这是为了保证机器人以最短的路径安全完成包装盒的搬运任务。除此之外，机器人在"pick"和"put"两点分别需要设置抓取和放置动作(包括配套的延时动作)。

表 2.7　机器人目标点的属性和坐标值

序号	目标点名称	目标点程序	目标点坐标(相对于参考坐标系)
1	home	MoveJ(home)	x 轴 = –133 mm，y 轴 = –300 mm，z 轴 = 391.827 mm
2	pickready	MoveL(pickready)	x 轴 = 0 mm，y 轴 = 0 mm，z 轴 = 180 mm
3	pick	MoveL(pick)	x 轴 = 0 mm，y 轴 = 0 mm，z 轴 = 60 mm
4	pickend	MoveL(pickend)	x 轴 = 0 mm，y 轴 = 0 mm，z 轴 = 150 mm
5	putready	MoveL(putready)	x 轴 = 0 mm，y 轴 = –600 mm，z 轴 = 150 mm
6	put	MoveL(put)	x 轴 = 0 mm，y 轴 = –600 mm，z 轴 = 60 mm
7	putend	MoveL(putend)	x 轴 = 0 mm，y 轴 = 0 mm，z 轴 = 180 mm

子任务 2-4-2　掌握机器人包装盒搬运目标点示教编程的流程

　　接下来的表 2.8 详细描述了 ABB 机器人完成包装盒搬运任务目标点示教编程的流程。

表 2.8   ABB 机器人完成包装盒搬运任务目标点示教编程的流程

步骤	ABB 机器人完成包装盒搬运任务目标点示教编程	功能应用
第一步	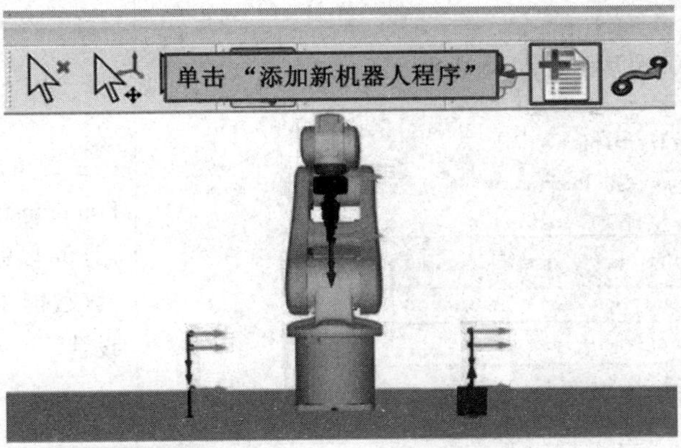 图 2.148 添加新机器人程序	1. 左键单击"添加新机器人程序"； 2. 左键选中"程序 1"，然后按下"F2"键，准备将"程序 1"命名为"ABB 机器人搬运任务"
第二步	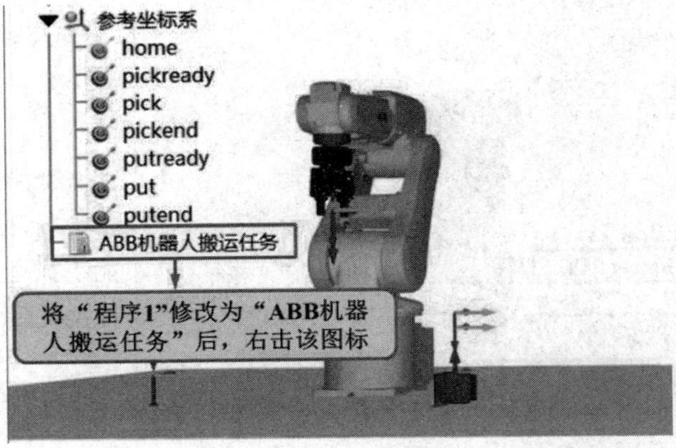 图 2.149 新机器人程序命名为"ABB 机器人搬运任务"	将"程序 1"修改为"ABB 机器人搬运任务"后，右键单击"ABB 机器人搬运任务"，对程序进行基础设置
第三步	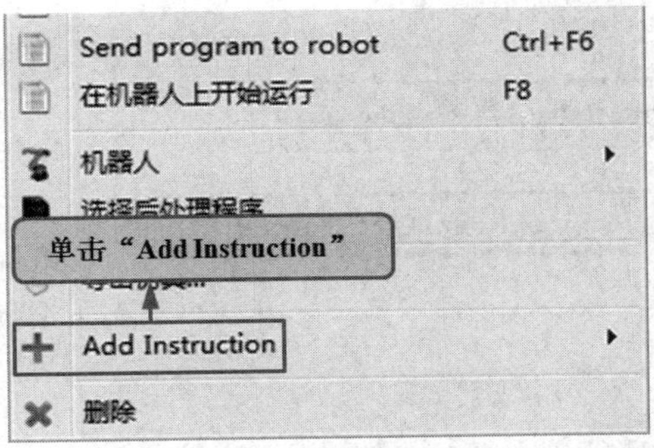 图 2.150 准备进行机器人工具参数的设置	右键单击"ABB 机器人搬运任务"后，在其下拉菜单中左键单击"Add Instruction"，准备进一步完成 ABB 机器人工具参数的设置

步骤	ABB 机器人完成包装盒搬运任务目标点示教编程	功能应用
第四步	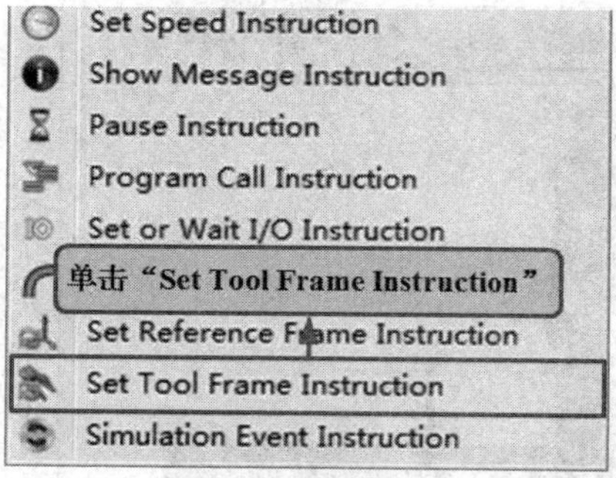 图 2.151　选择"工具设置对话框"	左键单击"Set Tool Frame Instruction"选项后,可以进行机器人工具(智能手抓)的参数设置
第五步	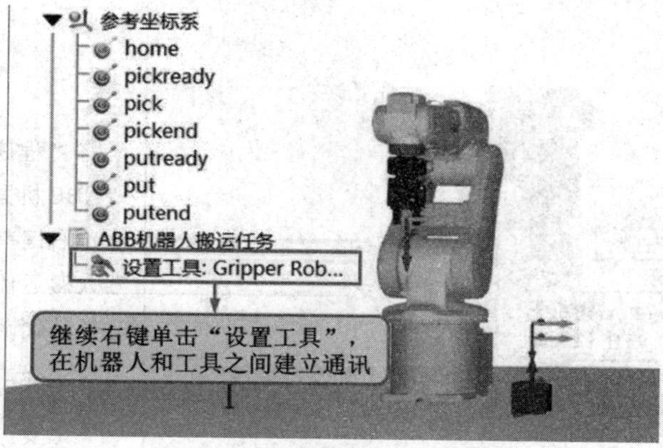 图 2.152　选择智能手抓与机器人配套使用	继续右键单击"设置工具",在机器人和智能手抓之间建立信号连接关系
第六步	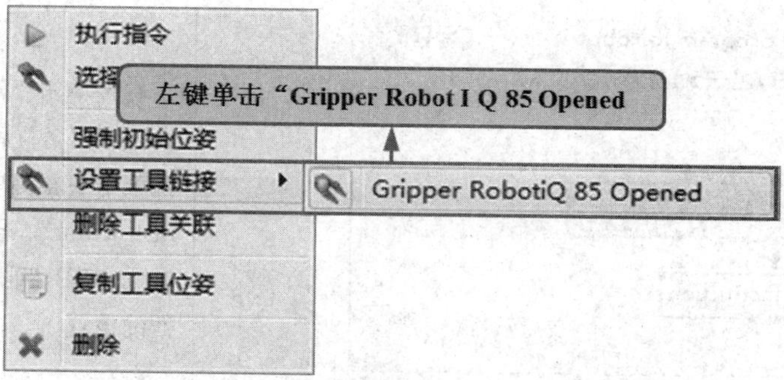 图 2.153　机器人和工具之间建立有效的通信连接	在"设置工具链接"中左键单击"Gripper Robot IQ 85 Opened"选项,以便实现机器人与工具的通信连接

续表二

步骤	ABB 机器人完成包装盒搬运任务目标点示教编程	功能应用
第七步	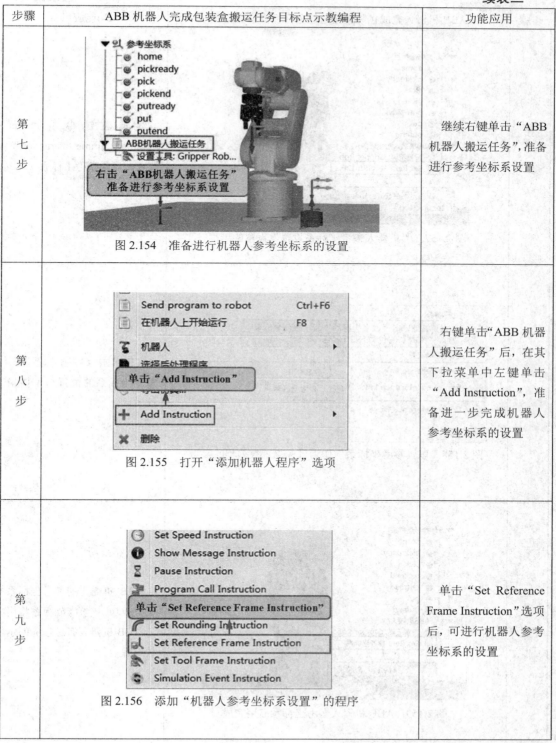 图 2.154　准备进行机器人参考坐标系的设置	继续右键单击"ABB机器人搬运任务",准备进行参考坐标系设置
第八步	图 2.155　打开"添加机器人程序"选项	右键单击"ABB 机器人搬运任务"后,在其下拉菜单中左键单击"Add Instruction",准备进一步完成机器人参考坐标系的设置
第九步	图 2.156　添加"机器人参考坐标系设置"的程序	单击"Set Reference Frame Instruction"选项后,可进行机器人参考坐标系的设置

步骤	ABB 机器人完成包装盒搬运任务目标点示教编程	功能应用
第十步	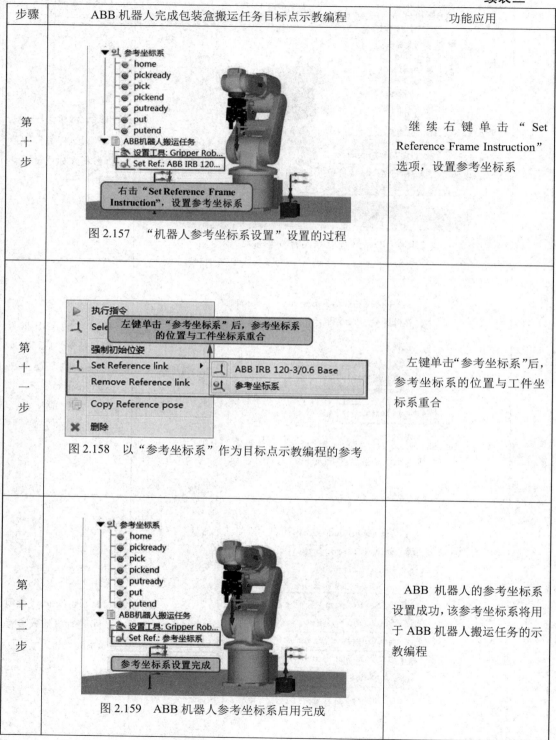 图 2.157 "机器人参考坐标系设置"设置的过程	继续右键单击"Set Reference Frame Instruction"选项,设置参考坐标系
第十一步	图 2.158 以"参考坐标系"作为目标点示教编程的参考	左键单击"参考坐标系"后,参考坐标系的位置与工件坐标系重合
第十二步	图 2.159 ABB 机器人参考坐标系启用完成	ABB 机器人的参考坐标系设置成功,该参考坐标系将用于 ABB 机器人搬运任务的示教编程

续表四

步骤	ABB 机器人完成包装盒搬运任务目标点示教编程	功能应用
第十三步	▼ 🧭 参考坐标系 ● home ● pickready ● pick ● pickend ● putready ● put ● putend ▼ 📋 ABB机器人搬运任务 🔧 设置工具: Gripper Rob... **右击"ABB机器人搬运任务" 准备包装盒初始位置设置** 图 2.160 准备进行"工作站包装盒初始位置"的设置	继续右键单击"ABB 机器人搬运任务",准备进行"包装盒初始位置设置"
第十四步	📄 Send program to robot　　Ctrl+F6 📄 在机器人上开始运行　　　F8 🔧 机器人　　　　　　　　　▶ 📄 选择后处理程序 **单击"Add Instruction"** ➕ Add Instruction　　　　　▶ ✖ 删除 图 2.161 打开"添加机器人程序"选项	右键单击"ABB 机器人搬运任务"后,在其下拉菜单中左键单击"Add Instruction"选项,准备进一步完成包装盒初始相对位置的设置
第十五步	🕐 Set Speed Instruction ℹ Show Message Instruction ⏳ Pause Instruction 🔫 Program Call Instruction ⑩ Set or Wait I/O Instruction 🔁 Set Rounding Instruction **左击"Simulation Event Instruction"** 🔧 Set Tool Frame Instruction 🔄 Simulation Event Instruction 图 2.162 添加"包装盒初始位置"的程序	左键单击"Simulation Event Instruction"选项后,可以进行包装盒初始位置的设置

步骤	ABB 机器人完成包装盒搬运任务目标点示教编程	功能应用
第十六步	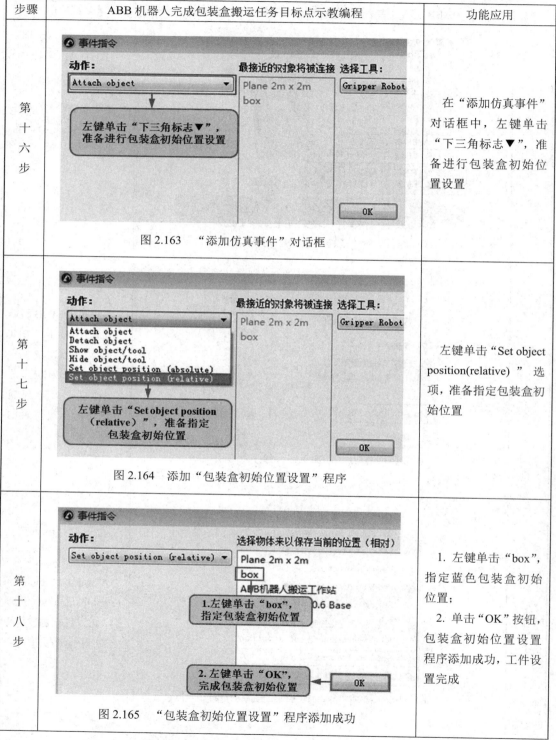图 2.163　"添加仿真事件"对话框	在"添加仿真事件"对话框中，左键单击"下三角标志▼"，准备进行包装盒初始位置设置
第十七步	图 2.164　添加"包装盒初始位置设置"程序	左键单击"Set object position(relative)"选项，准备指定包装盒初始位置
第十八步	图 2.165　"包装盒初始位置设置"程序添加成功	1. 左键单击"box"，指定蓝色包装盒初始位置； 2. 单击"OK"按钮，包装盒初始位置设置程序添加成功，工件设置完成

续表六

步骤	ABB 机器人完成包装盒搬运任务目标点示教编程	功能应用
第十九步	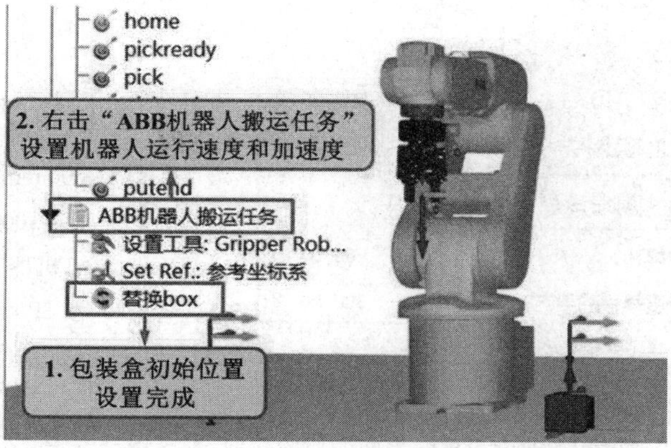 图 2.166　准备进行"机器人速度和加速度"的设置	1. 查看"替换 box"语句，确认包装盒初始位置设置成功； 2. 继续右键单击"ABB 机器人搬运任务"，准备进行机器人运行速度和加速度的设置
第二十步	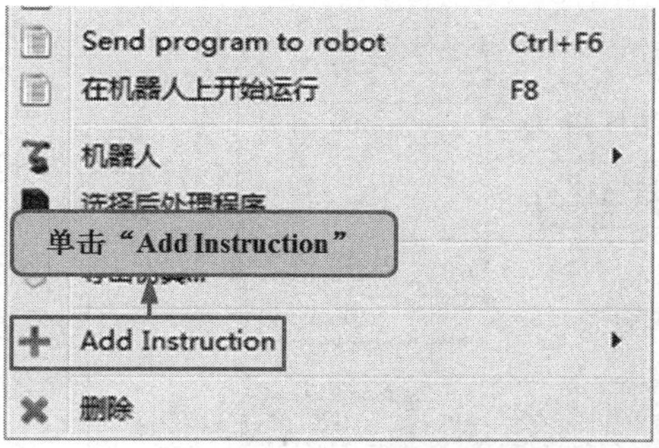 图 2.167　打开"添加机器人程序"选项	右键单击"ABB 机器人搬运任务"后，在其下拉菜单中左键单击"Add Instruction"，准备进行机器人速度和加速度参数的设置
第二十一步	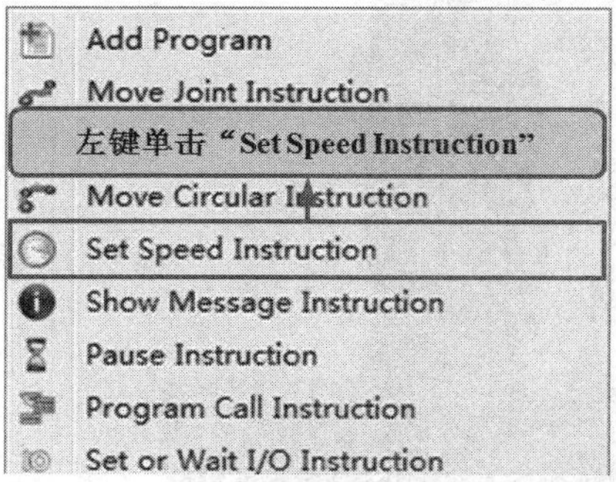 图 2.168　添加"机器人速度和加速度设置"的程序	左键单击"Set Speed Instruction"选项后，进行机器人速度和加速度参数的设置

步骤	ABB 机器人完成包装盒搬运任务目标点示教编程	功能应用
第二十二步	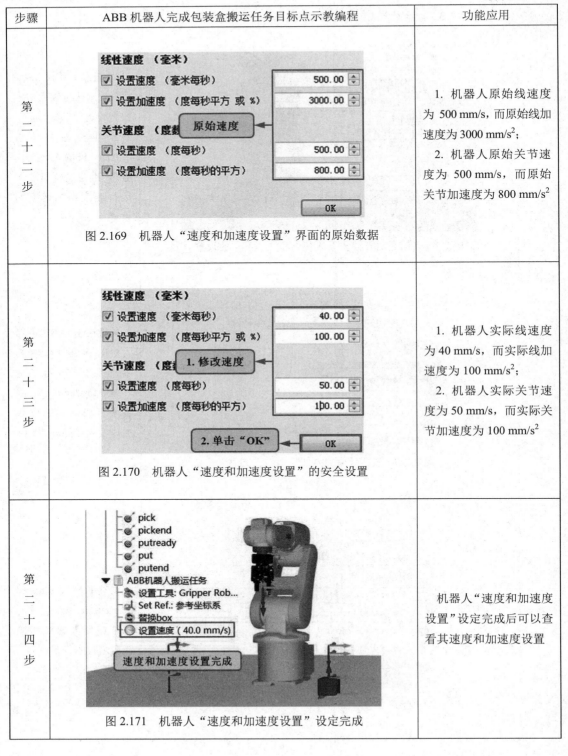 **线性速度 （毫米）** ☑ 设置速度 （毫米每秒） 500.00 ☑ 设置加速度 （度每秒平方 或 %） 3000.00 原始速度 **关节速度 （度** ☑ 设置速度 （度每秒） 500.00 ☑ 设置加速度 （度每秒的平方） 800.00 OK 图 2.169　机器人"速度和加速度设置"界面的原始数据	1. 机器人原始线速度为 500 mm/s，而原始线加速度为 3000 mm/s²； 2. 机器人原始关节速度为 500 mm/s，而原始关节加速度为 800 mm/s²
第二十三步	**线性速度 （毫米）** ☑ 设置速度 （毫米每秒） 40.00 ☑ 设置加速度 （度每秒平方 或 %） 100.00 1. 修改速度 **关节速度 （度** ☑ 设置速度 （度每秒） 50.00 ☑ 设置加速度 （度每秒的平方） 100.00 2. 单击"OK" OK 图 2.170　机器人"速度和加速度设置"的安全设置	1. 机器人实际线速度为 40 mm/s，而实际线加速度为 100 mm/s²； 2. 机器人实际关节速度为 50 mm/s，而实际关节加速度为 100 mm/s²
第二十四步	pick pickend putready put putend ▼ ABB机器人搬运任务 设置工具: Gripper Rob... Set Ref.: 参考坐标系 替换box 设置速度（40.0 mm/s） 速度和加速度设置完成 图 2.171　机器人"速度和加速度设置"设定完成	机器人"速度和加速度设置"设定完成后可以查看其速度和加速度设置

步骤	ABB 机器人完成包装盒搬运任务目标点示教编程	功能应用
第二十五步	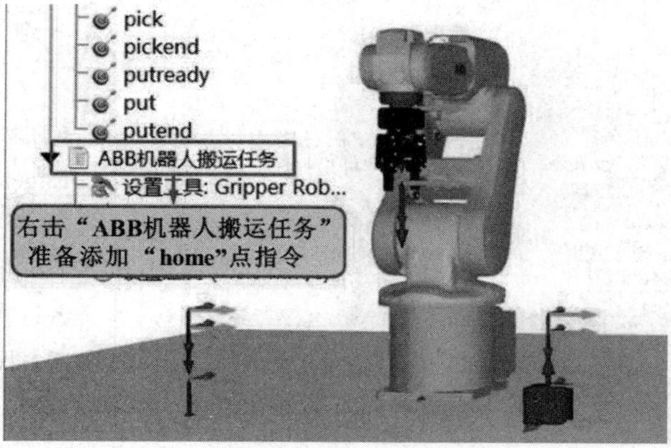 图 2.172　准备为机器人的"home"点进行编程	右键单击"ABB 机器人搬运任务",准备添加 ABB 机器人"home"点的指令
第二十六步	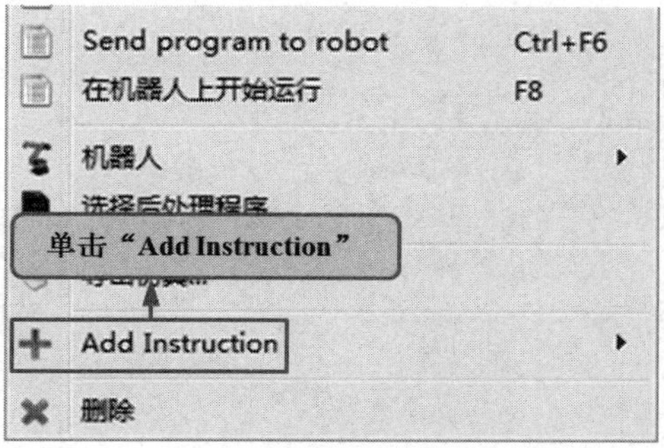 图 2.173　打开"添加机器人程序"选项	右键单击"ABB 机器人搬运任务"后,在其下拉菜单中左键单击"Add Instruction",准备为 ABB 机器人添加"home"点指令
第二十七步	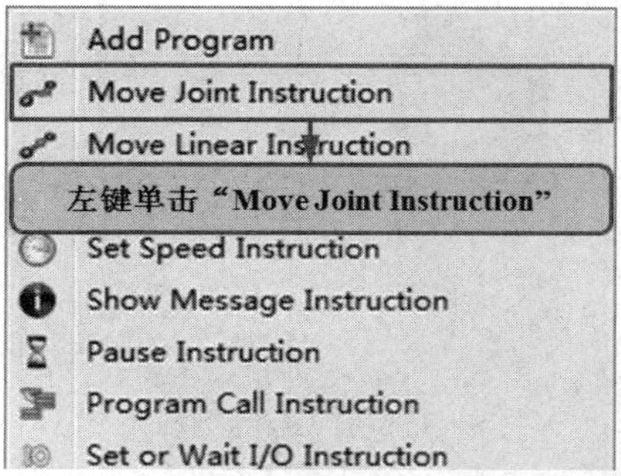 图 2.174　为"home"点添加关节运动指令	左键单击"Move Joint Instruction"后,为 ABB 机器人设计"home"点指令

续表九

步骤	ABB 机器人完成包装盒搬运任务目标点示教编程	功能应用
第二十八步	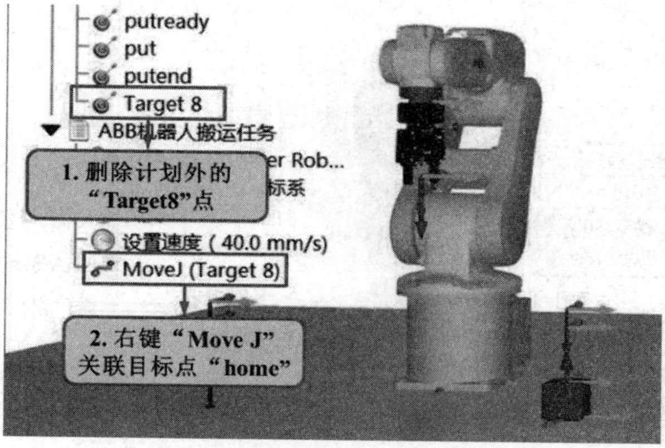 图 2.175　清除计划外的"Target8"点	1. 清除计划外的"Target8"目标点； 2. 然后继续右键单击"Move J(Target8)"，准备设置 ABB 机器人关联目标点"home"
第二十九步	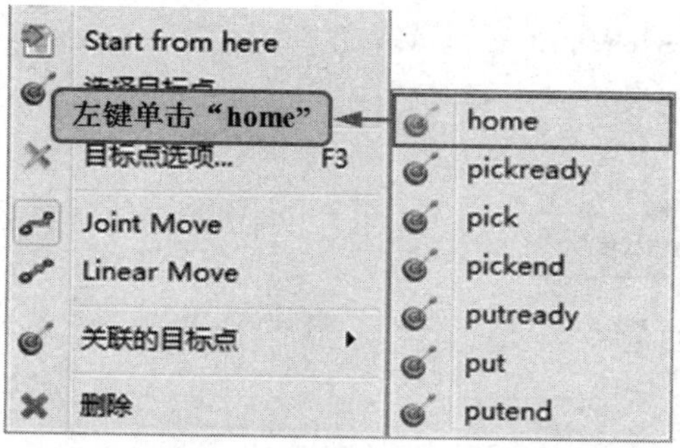 图 2.176　为指令"Move J"设置关联目标点"home"	继续为指令"MoveJ"设置关联目标点"home"
第三十步	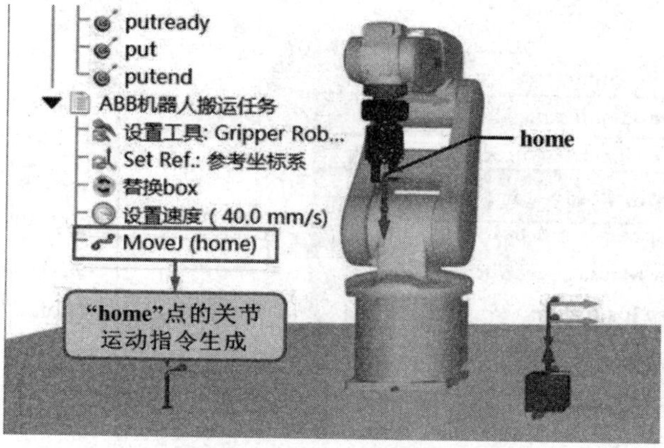 图 2.177　ABB 机器人"home"点的示教编程完成	双击"MoveJ(home)"，机器人可以运动到"home"点

续表十

步骤	ABB 机器人完成包装盒搬运任务目标点示教编程	功能应用
第三十一步	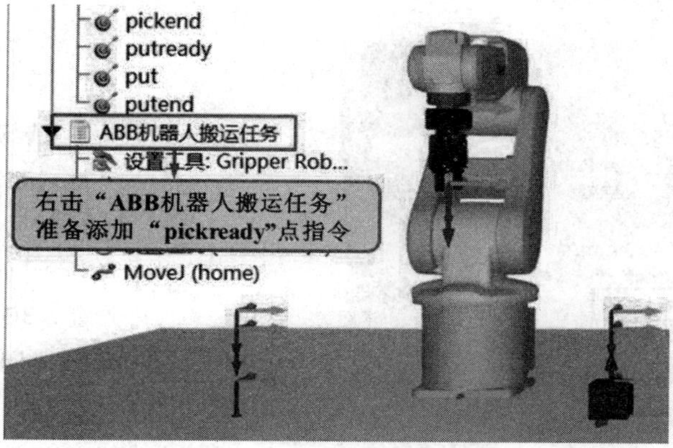 　图 2.178　准备为机器人的"pickready"点进行编程	右键单击"ABB 机器人搬运任务",准备添加 ABB 机器人"pickready"点的指令
第三十二步	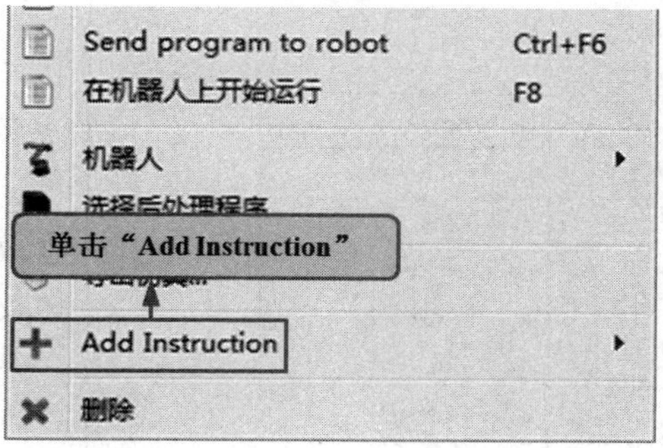 　图 2.179　打开"添加机器人程序"选项	右键"ABB 机器人搬运任务"后,在其下拉菜单中左键单击"Add Instruction",准备为 ABB 机器人添加"pickready"点指令
第三十三步	 　图 2.180　为"pickready"点添加直线运动指令	左键单击"Move Linear Instruction"选项后,为 ABB 机器人设计"pickready"点指令

续表十一

步骤	ABB 机器人完成包装盒搬运任务目标点示教编程	功能应用
第三十四步	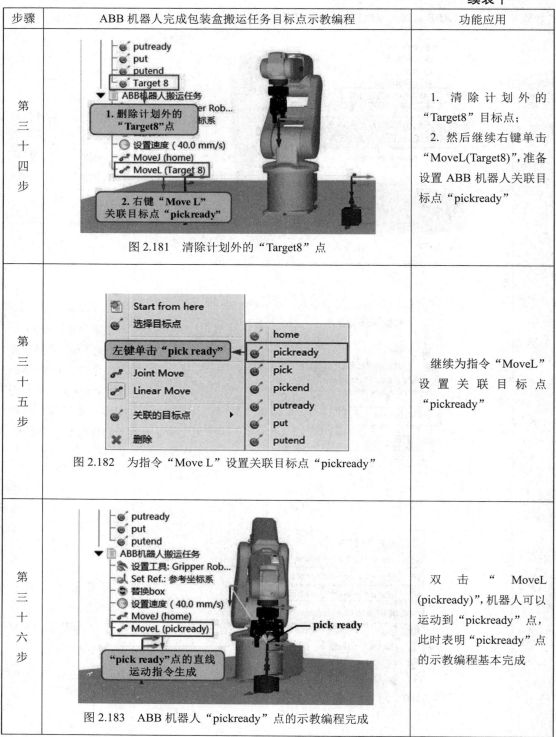 图 2.181　清除计划外的"Target8"点	1. 清除计划外的"Target8"目标点； 2. 然后继续右键单击"MoveL(Target8)"，准备设置 ABB 机器人关联目标点"pickready"
第三十五步	图 2.182　为指令"Move L"设置关联目标点"pickready"	继续为指令"MoveL"设置关联目标点"pickready"
第三十六步	图 2.183　ABB 机器人"pickready"点的示教编程完成	双击"MoveL(pickready)"，机器人可以运动到"pickready"点，此时表明"pickready"点的示教编程基本完成

续表十二

步骤	ABB 机器人完成包装盒搬运任务目标点示教编程	功能应用
第三十七步	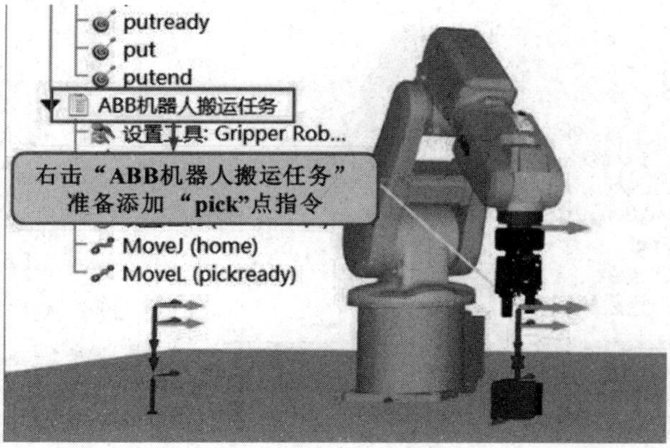 图 2.184　准备为机器人的"pick"点进行编程	右键单击"ABB 机器人搬运任务",准备添加机器人"pick"点的指令
第三十八步	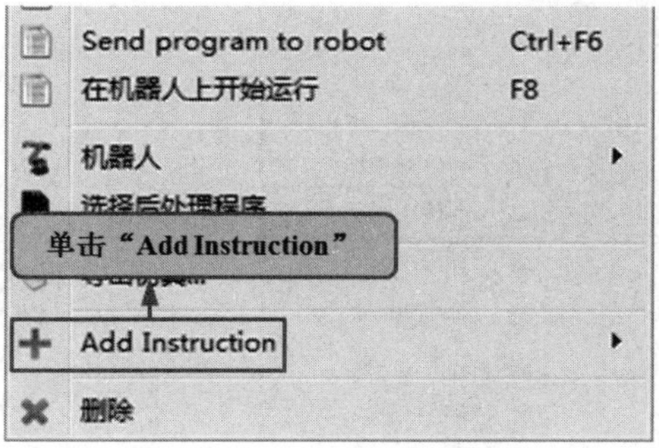 图 2.185　打开"添加机器人程序"选项	右键单击"ABB 机器人搬运任务"后,在其下拉菜单中左键单击"Add Instruction",准备为 ABB 机器人添加"pick"点指令
第三十九步	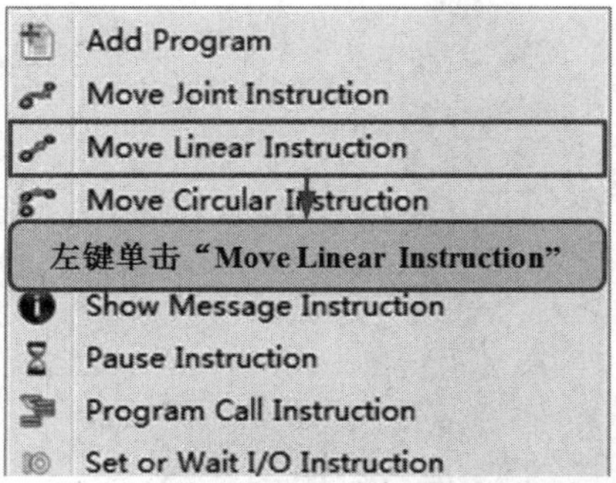 图 2.186　为"pick"点添加直线运动指令	左键单击"Move Linear Instruction"选项后,为机器人设计"pick"点指令

步骤	ABB 机器人完成包装盒搬运任务目标点示教编程	功能应用
第四十步	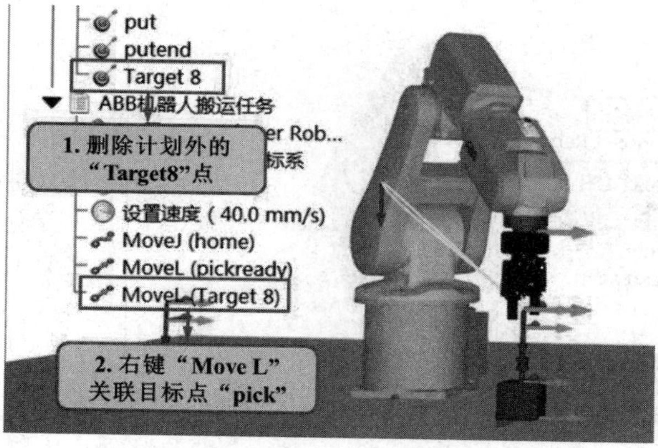 图 2.187 清除计划外的"Target8"点	1. 清除计划外的"Target8"目标点; 2. 然后继续右键单击"MoveL(Target8)",准备设置 ABB 机器人关联目标点"pick"
第四十一步	 图 2.188 为指令"Move L"设置关联目标点 "pick"	继续为指令"MoveL"设置关联目标点"pick"
第四十二步	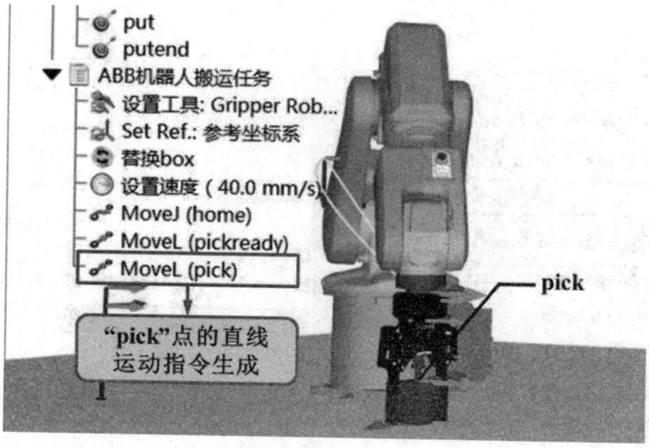 图 2.189 ABB 机器人"pick"点的示教编程完成	双击"MoveL (pick)",机器人可以运动到"pick"点,此时表明"pick"点的示教编程基本完成

续表十四

步骤	ABB 机器人完成包装盒搬运任务目标点示教编程	功能应用
第四十三步	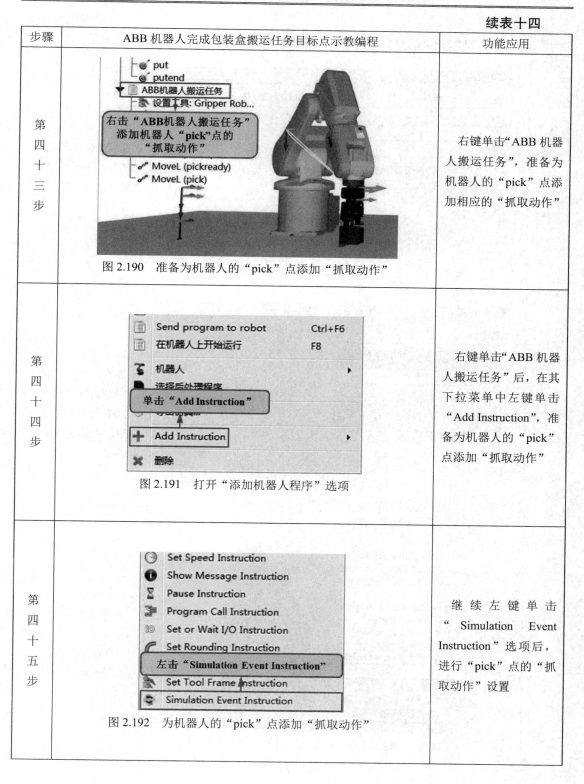图 2.190 准备为机器人的"pick"点添加"抓取动作"	右键单击"ABB 机器人搬运任务",准备为机器人的"pick"点添加相应的"抓取动作"
第四十四步	图 2.191 打开"添加机器人程序"选项	右键单击"ABB 机器人搬运任务"后,在其下拉菜单中左键单击"Add Instruction",准备为机器人的"pick"点添加"抓取动作"
第四十五步	图 2.192 为机器人的"pick"点添加"抓取动作"	继续左键单击"Simulation Event Instruction"选项后,进行"pick"点的"抓取动作"设置

步骤	ABB 机器人完成包装盒搬运任务目标点示教编程	功能应用
第四十六步	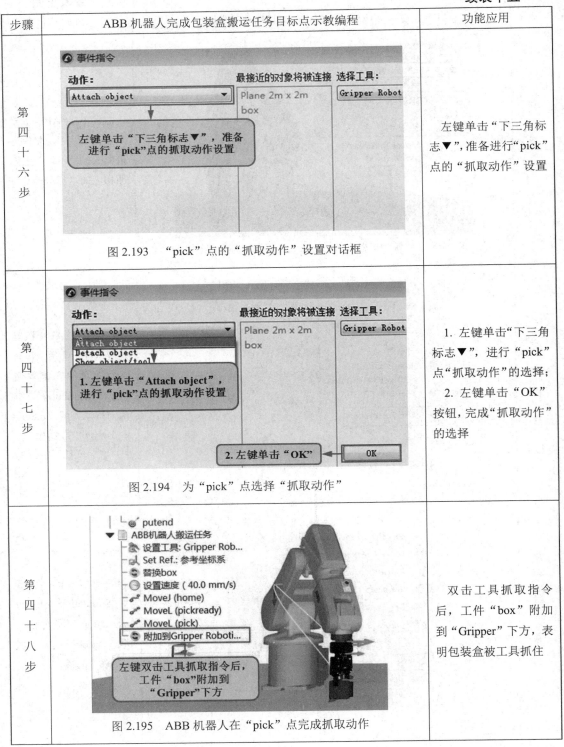图 2.193　"pick"点的"抓取动作"设置对话框	左键单击"下三角标志▼"，准备进行"pick"点的"抓取动作"设置
第四十七步	图 2.194　为"pick"点选择"抓取动作"	1. 左键单击"下三角标志▼"，进行"pick"点"抓取动作"的选择； 2. 左键单击"OK"按钮，完成"抓取动作"的选择
第四十八步	图 2.195　ABB 机器人在"pick"点完成抓取动作	双击工具抓取指令后，工件"box"附加到"Gripper"下方，表明包装盒被工具抓住

续表十六

步骤	ABB 机器人完成包装盒搬运任务目标点示教编程	功能应用
第四十九步	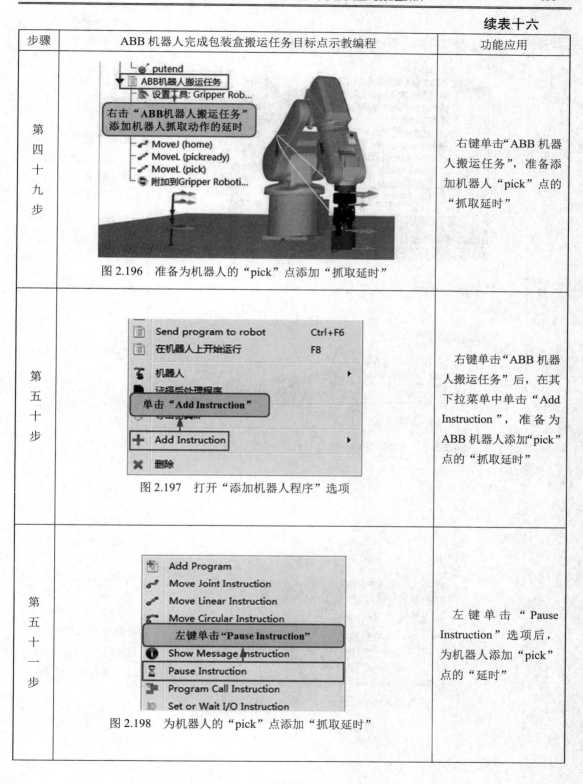右击"ABB机器人搬运任务"添加机器人抓取动作的延时 图 2.196　准备为机器人的"pick"点添加"抓取延时"	右键单击"ABB 机器人搬运任务",准备添加机器人"pick"点的"抓取延时"
第五十步	Send program to robot　Ctrl+F6 在机器人上开始运行　F8 机器人　▶ 选择后处理程序 单击"Add Instruction" Add Instruction　▶ 删除 图 2.197　打开"添加机器人程序"选项	右键单击"ABB 机器人搬运任务"后,在其下拉菜单中单击"Add Instruction",准备为ABB 机器人添加"pick"点的"抓取延时"
第五十一步	Add Program Move Joint Instruction Move Linear Instruction Move Circular Instruction 左键单击"Pause Instruction" Show Message Instruction Pause Instruction Program Call Instruction Set or Wait I/O Instruction 图 2.198　为机器人的"pick"点添加"抓取延时"	左键单击"Pause Instruction"选项后,为机器人添加"pick"点的"延时"

步骤	ABB 机器人完成包装盒搬运任务目标点示教编程	功能应用
第五十二步	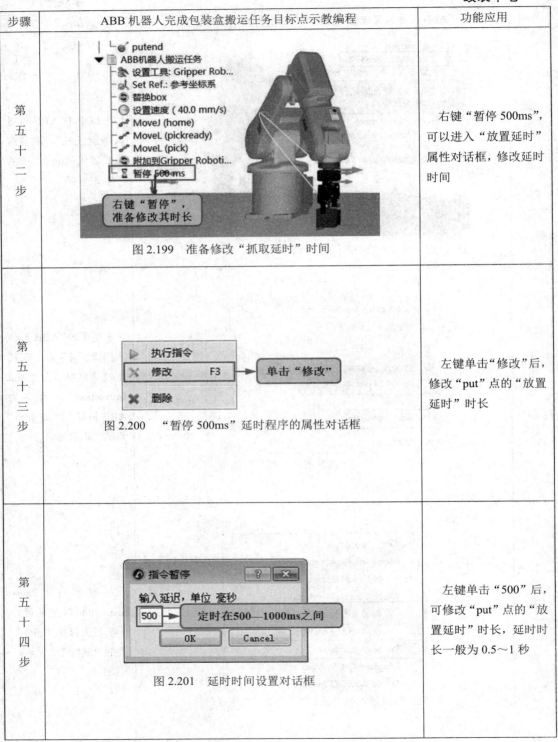 图 2.199　准备修改"抓取延时"时间	右键"暂停 500ms"，可以进入"放置延时"属性对话框，修改延时时间
第五十三步	图 2.200　"暂停 500ms"延时程序的属性对话框	左键单击"修改"后，修改"put"点的"放置延时"时长
第五十四步	图 2.201　延时时间设置对话框	左键单击"500"后，可修改"put"点的"放置延时"时长，延时时长一般为 0.5～1 秒

续表十八

步骤	ABB 机器人完成包装盒搬运任务目标点示教编程	功能应用
第五十五步	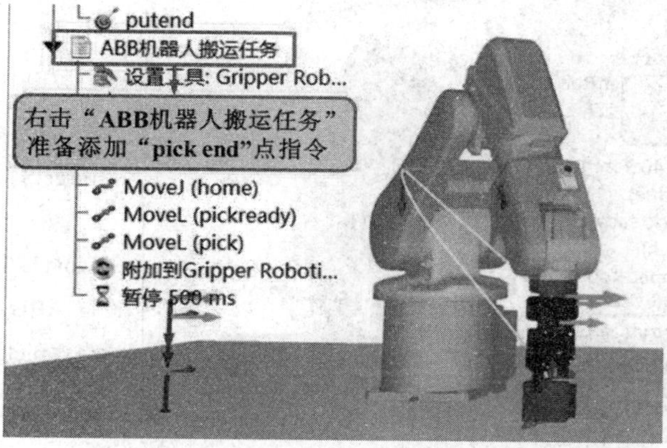 图 2.202　准备为机器人的"pickend"点进行编程	右键单击"ABB 机器人搬运任务"，准备添加 ABB 机器人"pickend"点的指令
第五十六步	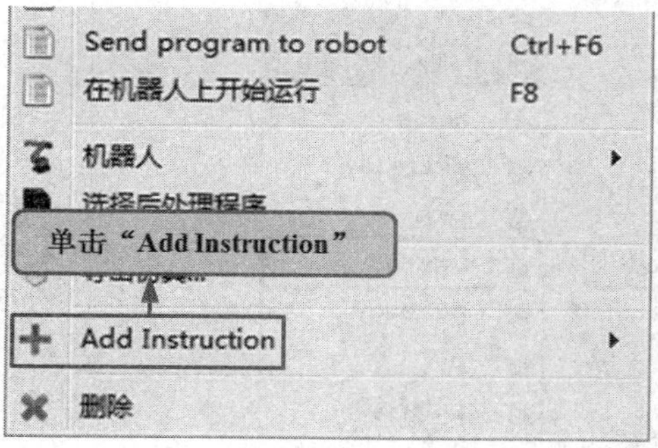 图 2.203　打开"添加机器人程序"选项	右键单击"ABB 机器人搬运任务"后，在其下拉菜单中左键单击"Add Instruction"，准备为 ABB 机器人添加"pickend"点指令
第五十七步	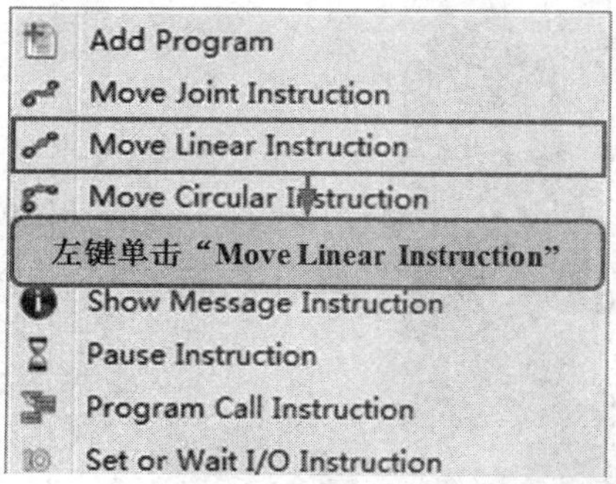 图 2.204　为"pickend"点添加直线运动指令	左键单击"Move Linear Instruction"选项后，为机器人设计"pickend"点指令

续表十九

步骤	ABB 机器人完成包装盒搬运任务目标点示教编程	功能应用
第五十八步	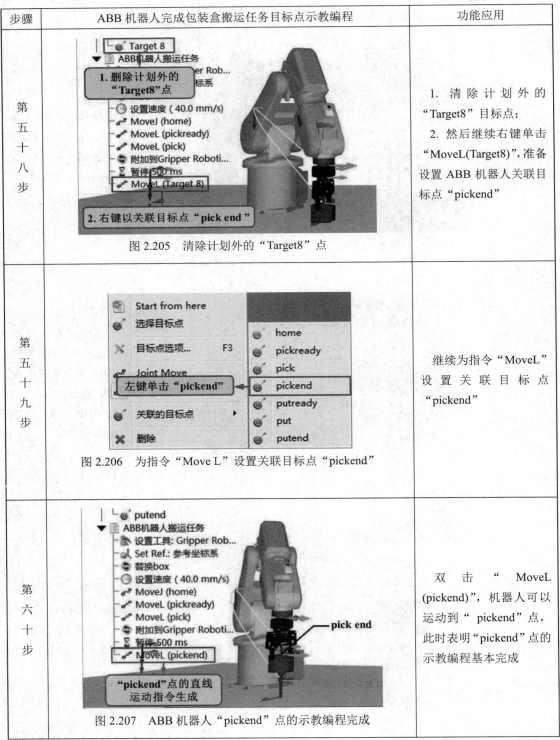图 2.205　清除计划外的"Target8"点	1. 清除计划外的"Target8"目标点; 2. 然后继续右键单击"MoveL(Target8)",准备设置 ABB 机器人关联目标点"pickend"
第五十九步	图 2.206　为指令"Move L"设置关联目标点"pickend"	继续为指令"MoveL"设置关联目标点"pickend"
第六十步	图 2.207　ABB 机器人"pickend"点的示教编程完成	双击"MoveL(pickend)",机器人可以运动到"pickend"点,此时表明"pickend"点的示教编程基本完成

续表二十

步骤	ABB 机器人完成包装盒搬运任务目标点示教编程	功能应用
第六十一步	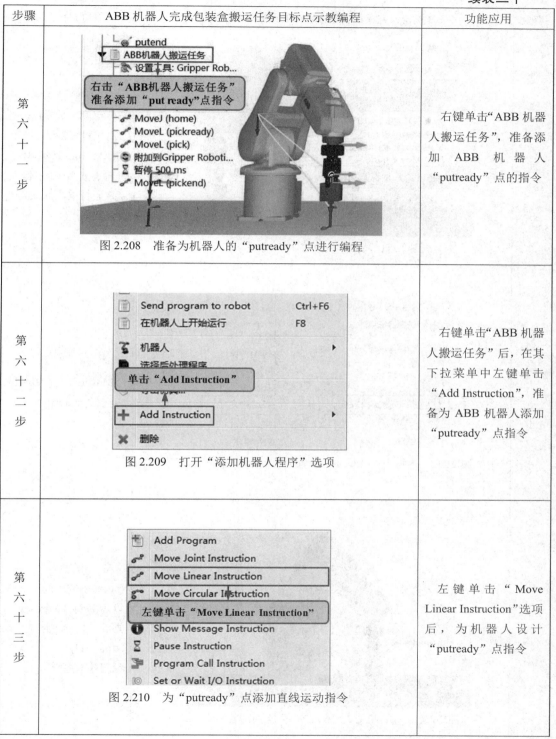 图 2.208 准备为机器人的"putready"点进行编程	右键单击"ABB 机器人搬运任务",准备添加 ABB 机器人"putready"点的指令
第六十二步	图 2.209 打开"添加机器人程序"选项	右键单击"ABB 机器人搬运任务"后,在其下拉菜单中左键单击"Add Instruction",准备为 ABB 机器人添加"putready"点指令
第六十三步	图 2.210 为"putready"点添加直线运动指令	左键单击"Move Linear Instruction"选项后,为机器人设计"putready"点指令

续表二十一

步骤	ABB 机器人完成包装盒搬运任务目标点示教编程	功能应用
第六十四步	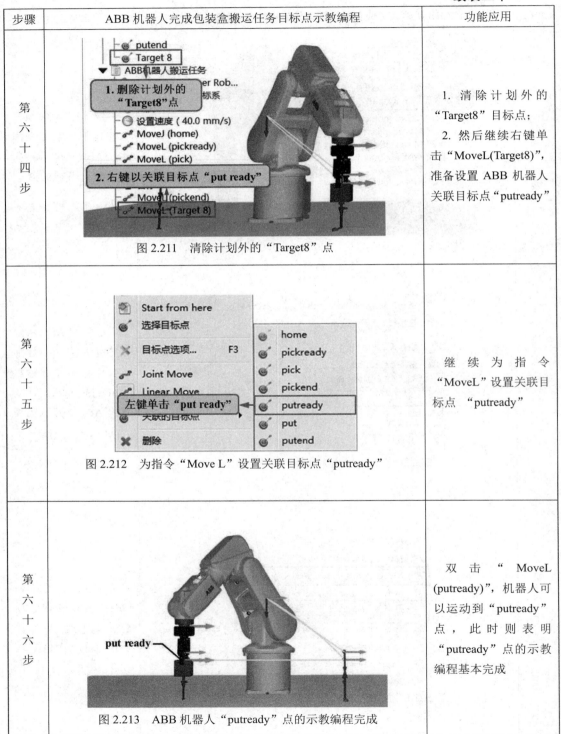 图 2.211　清除计划外的"Target8"点	1. 清除计划外的"Target8"目标点； 2. 然后继续右键单击"MoveL(Target8)"，准备设置 ABB 机器人关联目标点"putready"
第六十五步	图 2.212　为指令"Move L"设置关联目标点"putready"	继续为指令"MoveL"设置关联目标点"putready"
第六十六步	图 2.213　ABB 机器人"putready"点的示教编程完成	双击"MoveL(putready)"，机器人可以运动到"putready"点，此时则表明"putready"点的示教编程基本完成

步骤	ABB 机器人完成包装盒搬运任务目标点示教编程	功能应用
第六十七步	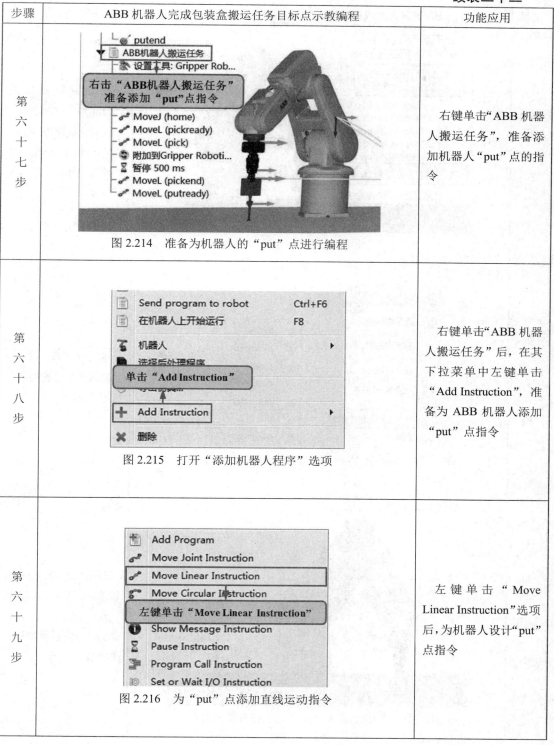图 2.214 准备为机器人的"put"点进行编程	右键单击"ABB 机器人搬运任务",准备添加机器人"put"点的指令
第六十八步	图 2.215 打开"添加机器人程序"选项	右键单击"ABB 机器人搬运任务"后,在其下拉菜单中左键单击"Add Instruction",准备为 ABB 机器人添加"put"点指令
第六十九步	图 2.216 为"put"点添加直线运动指令	左键单击"Move Linear Instruction"选项后,为机器人设计"put"点指令

续表二十三

步骤	ABB 机器人完成包装盒搬运任务目标点示教编程	功能应用
第七十步	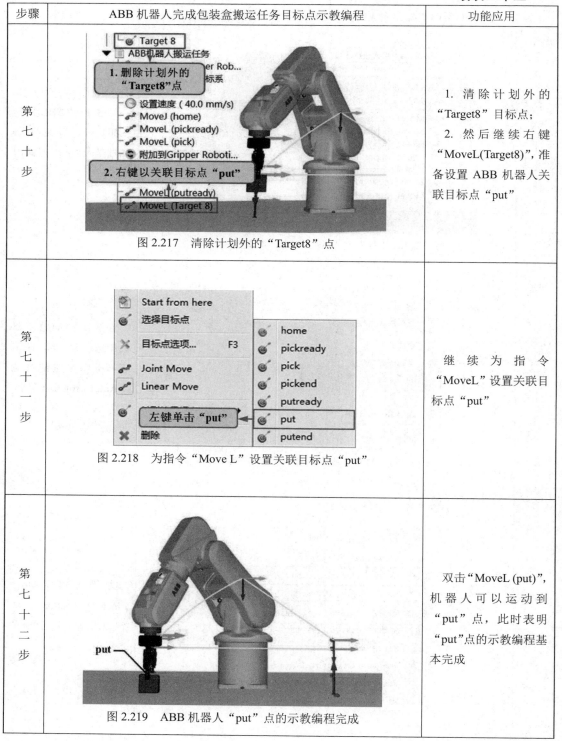图 2.217　清除计划外的"Target8"点	1. 清除计划外的"Target8"目标点； 2. 然后继续右键"MoveL(Target8)"，准备设置 ABB 机器人关联目标点"put"
第七十一步	图 2.218　为指令"Move L"设置关联目标点"put"	继续为指令"MoveL"设置关联目标点"put"
第七十二步	图 2.219　ABB 机器人"put"点的示教编程完成	双击"MoveL (put)"，机器人可以运动到"put"点，此时表明"put"点的示教编程基本完成

续表二十四

步骤	ABB 机器人完成包装盒搬运任务目标点示教编程	功能应用
第七十三步	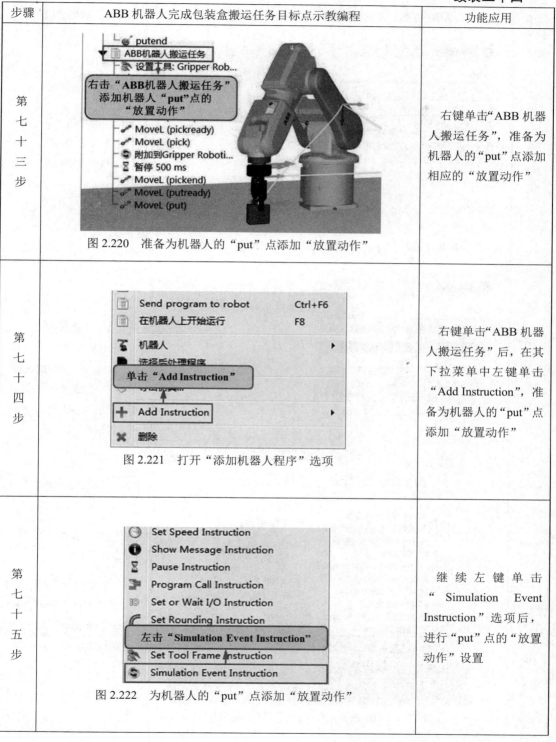图 2.220　准备为机器人的"put"点添加"放置动作"	右键单击"ABB 机器人搬运任务",准备为机器人的"put"点添加相应的"放置动作"
第七十四步	图 2.221　打开"添加机器人程序"选项	右键单击"ABB 机器人搬运任务"后,在其下拉菜单中左键单击"Add Instruction",准备为机器人的"put"点添加"放置动作"
第七十五步	图 2.222　为机器人的"put"点添加"放置动作"	继续左键单击"Simulation Event Instruction"选项后,进行"put"点的"放置动作"设置

步骤	ABB 机器人完成包装盒搬运任务目标点示教编程	功能应用
第七十六步	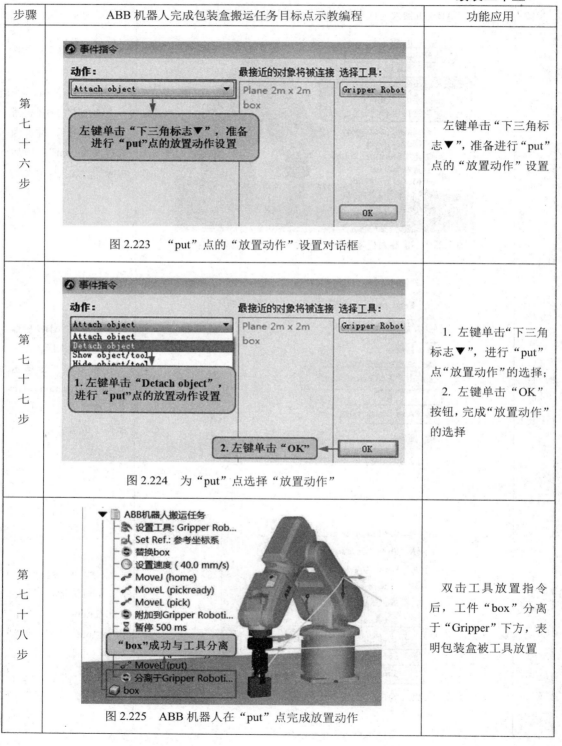图 2.223　"put"点的"放置动作"设置对话框	左键单击"下三角标志▼",准备进行"put"点的"放置动作"设置
第七十七步	图 2.224　为"put"点选择"放置动作"	1. 左键单击"下三角标志▼",进行"put"点"放置动作"的选择; 2. 左键单击"OK"按钮,完成"放置动作"的选择
第七十八步	图 2.225　ABB 机器人在"put"点完成放置动作	双击工具放置指令后,工件"box"分离于"Gripper"下方,表明包装盒被工具放置

步骤	ABB 机器人完成包装盒搬运任务目标点示教编程	功能应用
第七十九步	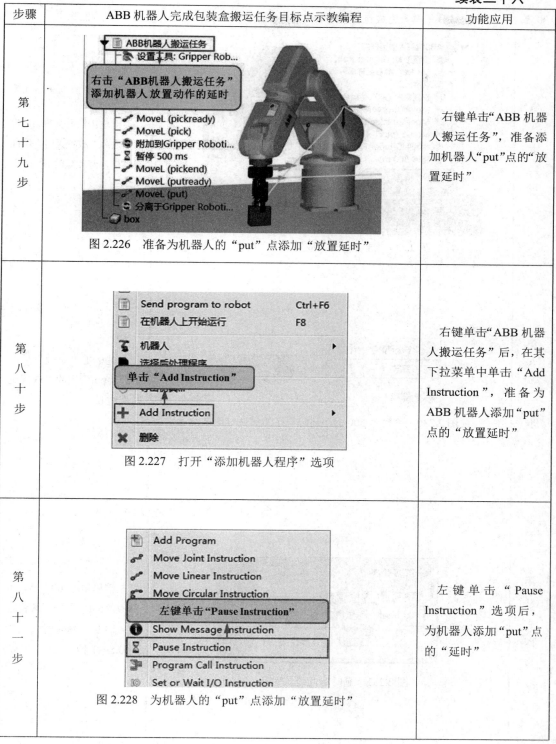 图 2.226　准备为机器人的"put"点添加"放置延时"	右键单击"ABB 机器人搬运任务"，准备添加机器人"put"点的"放置延时"
第八十步	图 2.227　打开"添加机器人程序"选项	右键单击"ABB 机器人搬运任务"后，在其下拉菜单中单击"Add Instruction"，准备为 ABB 机器人添加"put"点的"放置延时"
第八十一步	图 2.228　为机器人的"put"点添加"放置延时"	左键单击"Pause Instruction"选项后，为机器人添加"put"点的"延时"

续表二十七

步骤	ABB 机器人完成包装盒搬运任务目标点示教编程	功能应用
第八十二步	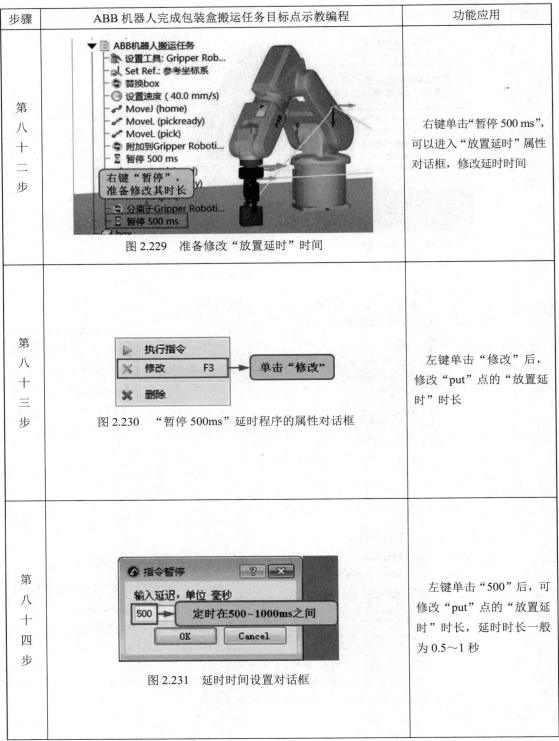图 2.229　准备修改"放置延时"时间	右键单击"暂停 500 ms"，可以进入"放置延时"属性对话框，修改延时时间
第八十三步	图 2.230　"暂停 500ms"延时程序的属性对话框	左键单击"修改"后，修改"put"点的"放置延时"时长
第八十四步	图 2.231　延时时间设置对话框	左键单击"500"后，可修改"put"点的"放置延时"时长，延时时长一般为 0.5～1 秒

续表二十八

步骤	ABB 机器人完成包装盒搬运任务目标点示教编程	功能应用
第八十五步	 图 2.232 准备为机器人的"putend"点进行编程	右键单击"ABB 机器人搬运任务",准备添加 ABB 机器人"putend"点的指令
第八十六步	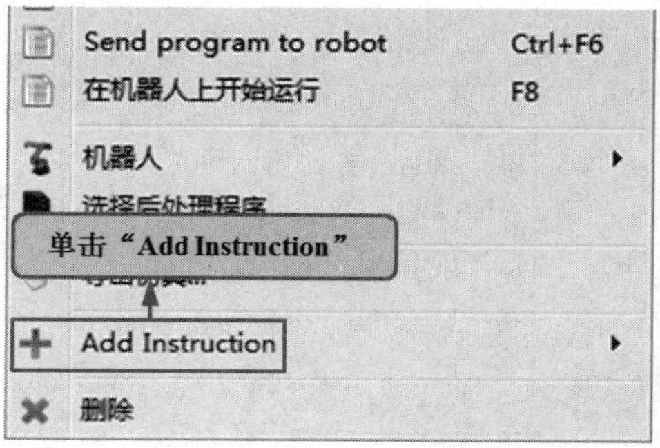 图 2.233 打开"添加机器人程序"选项	右键单击"ABB 机器人搬运任务"后,在其下拉菜单中左键单击"Add Instruction",准备为 ABB 机器人添加"putend"点指令
第八十七步	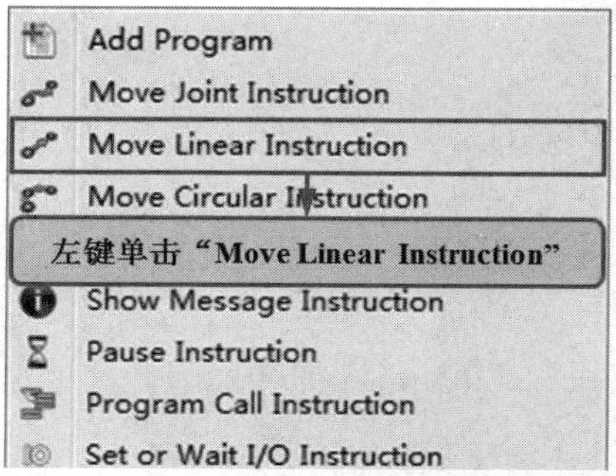 图 2.234 为"putend"点添加直线运动指令	左键单击"Move Linear Instruction"后,为机器人设计"putend"点指令

步骤	ABB 机器人完成包装盒搬运任务目标点示教编程	功能应用
第 八 十 八 步	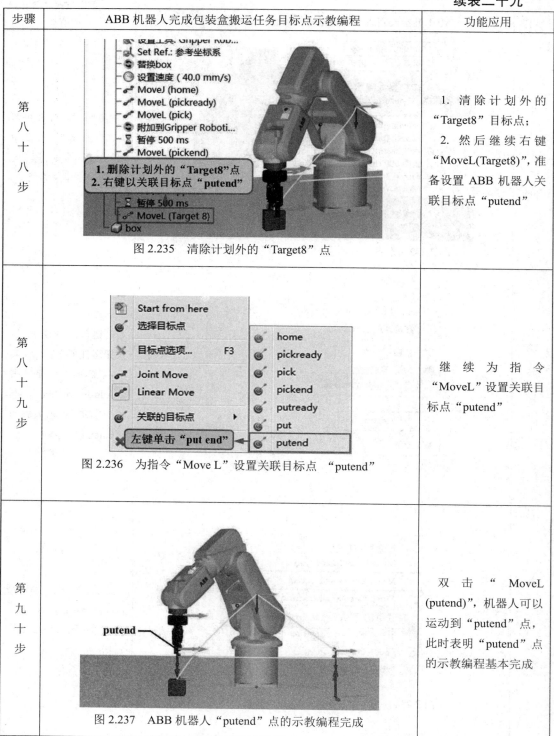图 2.235　清除计划外的"Target8"点	1. 清除计划外的"Target8"目标点； 2. 然后继续右键"MoveL(Target8)"，准备设置 ABB 机器人关联目标点"putend"
第 八 十 九 步	图 2.236　为指令"Move L"设置关联目标点 "putend"	继续为指令"MoveL"设置关联目标点"putend"
第 九 十 步	图 2.237　ABB 机器人"putend"点的示教编程完成	双击"MoveL(putend)"，机器人可以运动到"putend"点，此时表明"putend"点的示教编程基本完成

步骤	ABB 机器人完成包装盒搬运任务目标点示教编程	功能应用
第九十一步	 右击"ABB机器人搬运任务"准备添加"home"点指令 图 2.238　准备为机器人返回"home"点进行编程	右键单击"ABB 机器人搬运任务",准备添加 ABB 机器人"home"点的指令
第九十二步	 单击"Add Instruction" 图 2.239　打开"添加机器人程序"选项	右键单击"ABB 机器人搬运任务"后,在其下拉菜单中左键单击"Add Instruction",准备为 ABB 机器人添加"home"点指令
第九十三步	 左键单击"Move Joint Instruction" 图 2.240　为机器人返回"home"点添加关节运动指令	左键单击"Move Joint Instruction"后,为 ABB 机器人设计"home"点指令

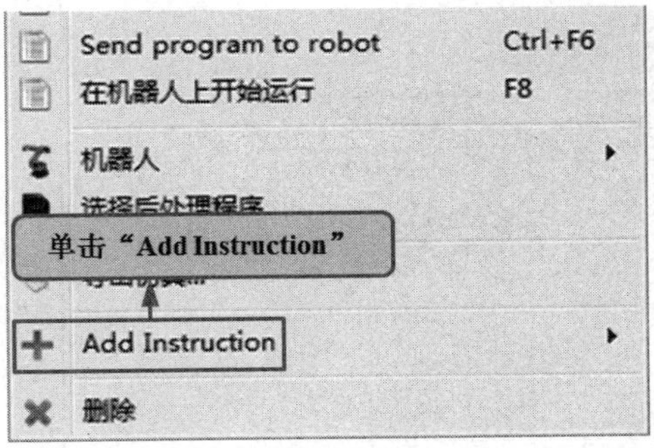

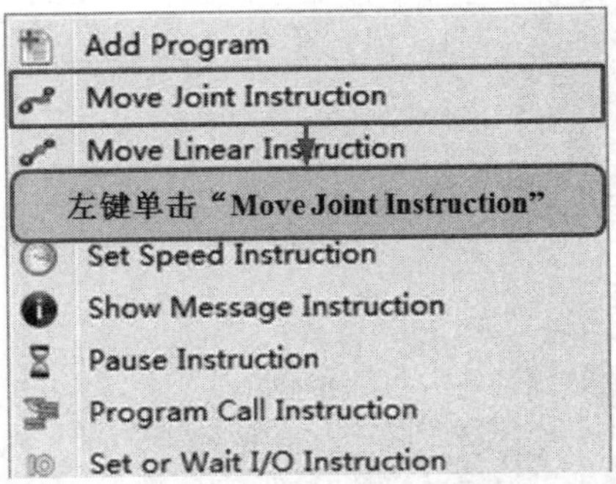

步骤	ABB 机器人完成包装盒搬运任务目标点示教编程	功能应用
第九十四步	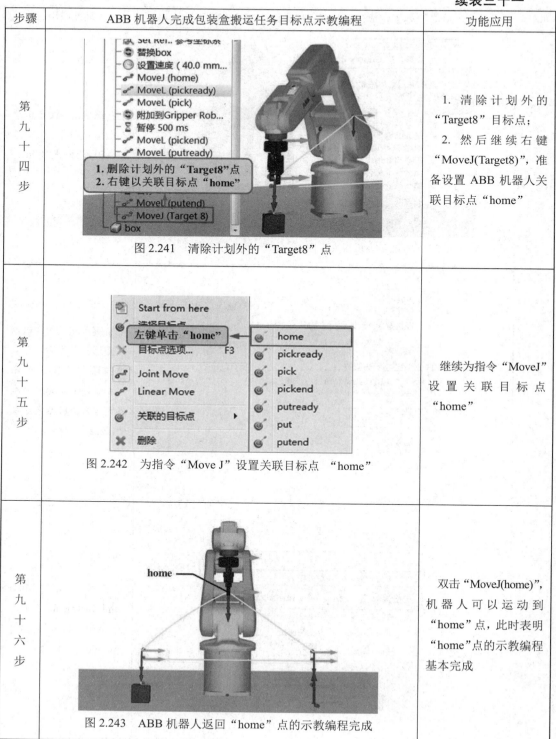 图 2.241 清除计划外的"Target8"点	1. 清除计划外的"Target8"目标点; 2. 然后继续右键"MoveJ(Target8)",准备设置 ABB 机器人关联目标点"home"
第九十五步	图 2.242 为指令"Move J"设置关联目标点"home"	继续为指令"MoveJ"设置关联目标点"home"
第九十六步	图 2.243 ABB 机器人返回"home"点的示教编程完成	双击"MoveJ(home)",机器人可以运动到"home"点,此时表明"home"点的示教编程基本完成

子任务 2-4-3 工业机器人目标点示教编程总结

研发人员应用工业机器人仿真和离线编程软件 RoboDK3.2 或者 RoboDK3.5(较高版本)，通过表 2.8 中展示的实操步骤，实现了 ABB 机器人完成包装盒搬运任务所需目标点的示教编程。该程序完成时，如图 2.244 所示，需及时保存文件。

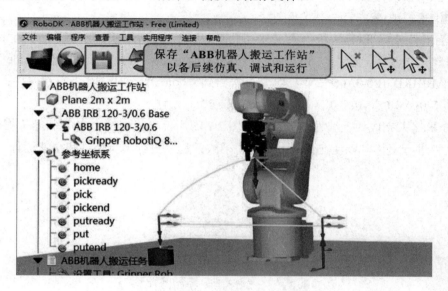

图 2.244 保存 "ABB 机器人搬运工作站" 文件

机器人在完成包装盒的搬运和放置任务过程中，体现出如下特点：

(1) ABB IRB 120-3/0.6 机器人安装好智能手抓后，从 "home" 点出发，以 40 mm/s 的速度沿直线运动到 "pickready" 点，经过过渡点 "pickready" 时，手抓 TCP 点高度为 180 mm，且恰好正对放置在地面上的包装盒工件，准备对工件实施抓取；

(2) 智能手抓以 40 mm/s 的速度沿直线运动到 "pick" 点时，其 TCP 点刚好位于工件上表面，满足对工件的抓取要求，智能手抓抓牢工件后，必须有充分的抓取延时，这里选择的抓取延时时间为 500 ms；

(3) 注意：机器人手抓是气动执行机构，手抓从 "开始闭合" 到 "完全闭合" 需要约500 ms，因此手抓的 "抓取动作" 需要合理延时，如果没有该 "延时"，机器人工具 "手抓" 在执行闭合动作的同时，会即刻上升，这有可能造成工件 "抓取" 不牢；

(4) ABB 机器人完成 "抓取工件" 后，会以 40 mm/s 的速度沿直线将工件提起，来到 "pickend" 点，该点距地高度为 150 mm；

(5) 智能手抓将工件以 40 mm/s 的速度沿水平向左的方向运送 600 mm 后，到达 "putready" 点，该点距地高度同样为 150 mm，经过 "putready" 点后，智能手抓以 40 mm/s 的速度沿直线将工件放置于地面上，此时工件上表面中心点位于 "put" 点(距地高度为 60 mm)；

（6）待工件放稳后，智能手抓松开包装盒，智能手抓松开工件后，必须有充分的放置延时，这里选择的放置延时时间同样为 500 ms；

（7）同样注意：ABB 机器人手抓是气动执行机构，手抓从"开始松开"到"完全松开"需要大约 500 ms，因此手抓的"放置动作"需要合理延时，如果没有该"延时"，机器人工具"手抓"在执行放置动作的同时，会即刻上升，这有可能造成工件"放置"不稳，从而由半空滑落掉地；

（8）当工件放置平稳后，机器人工具"手抓"以 40 mm/s 的速度沿直线上升到"putend"点，经过该点过渡后，最终以 50 mm/s 的速度，以关节运动的形式返回到"home"点；

（9）ABBIRB 120-3/0.6 工业机器人每次回到"home"点时，其姿态都保持：$\theta_1=0°$，$\theta_2=-30°$，$\theta_3=30°$，$\theta_4=0°$，$\theta_5=90°$，$\theta_6=0°$。

ABB 机器人完成如上编程任务后，如图 2.245 所示，我们对"ABB 机器人搬运任务"的仿真文件进行复位，以便在任务五中对机器人的程序进行单步调试和全速运行。

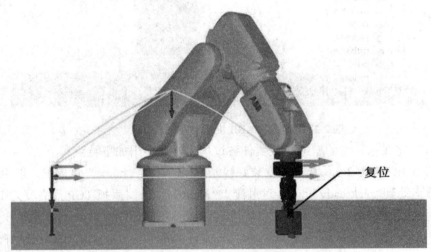

图 2.245　　"ABB 机器人搬运工作站"复位

任务 2-5　机器人包装盒搬运任务的程序调试和运行

任务目标：

任务 2-4 中，我们通过示教器实现了 ABB 机器人完成包装盒搬运任务程序的示教编程。接下来的任务 2-5 中，我们以"单步"和"全速"两种模式运行机器人程序"ABB 机器人搬运工作站.rdk"，以便查看 ABB 机器人能否顺利实现包装盒的搬运和放置，表 2.9 所示为机器人程序的运行情况。

项目二任务五

表 2.9　ABB 机器人完成包装盒搬运任务——程序单步运行

步骤	ABB 机器人完成包装盒搬运任务——程序单步运行	功能应用
第一步	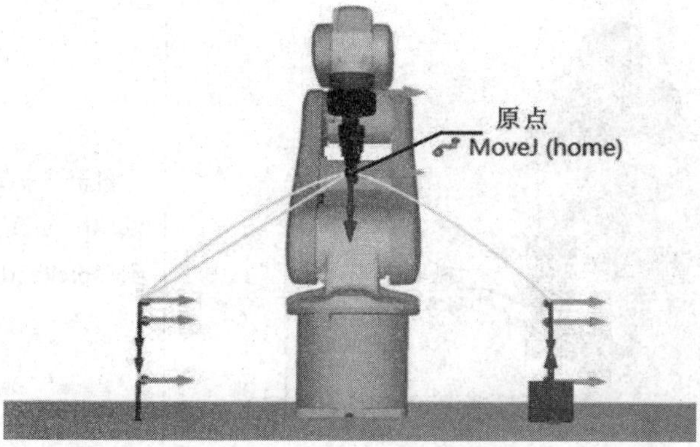 原点 MoveJ (home) 图 2.246　机器人返回"home"点	双击"MoveJ(home)"，机器人返回"home"点
第二步	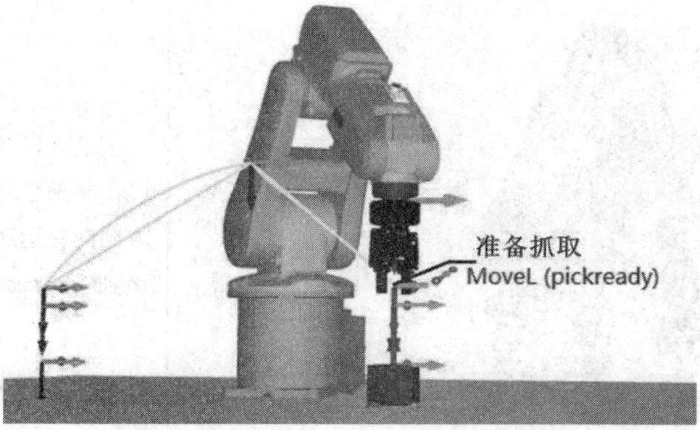 准备抓取 MoveL (pickready) 图 2.247　机器人到达"pickready"点	机器人以 40 mm/s 的速度运行到"pick ready"点
第三步	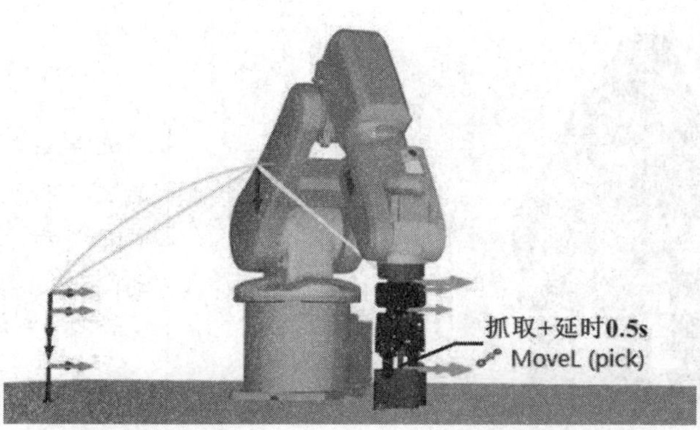 抓取+延时0.5s MoveL (pick) 图 2.248　机器人到达"pick"点并抓取包装盒	机器人以 40 mm/s 的速度运行到"pick"点，并完成包装盒的抓取动作

步骤	ABB 机器人完成包装盒搬运任务——程序单步运行	功能应用
第四步	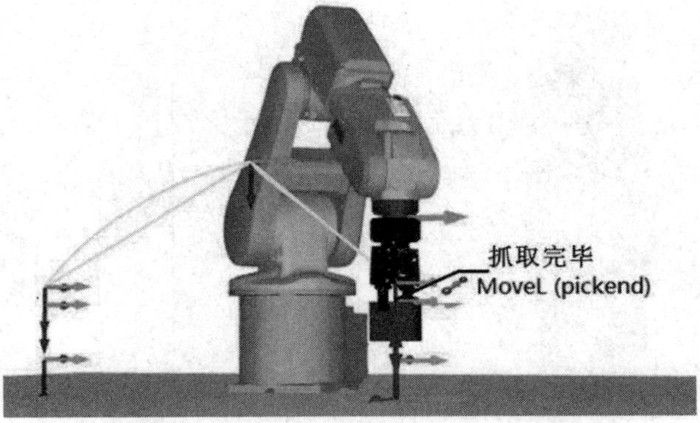 **抓取完毕** MoveL (pickend) 图 2.249　机器人抓起包装盒到达"pickend"点	机器人抓起包装盒后，以 40 mm/s 的速度运行到"pickend"点
第五步	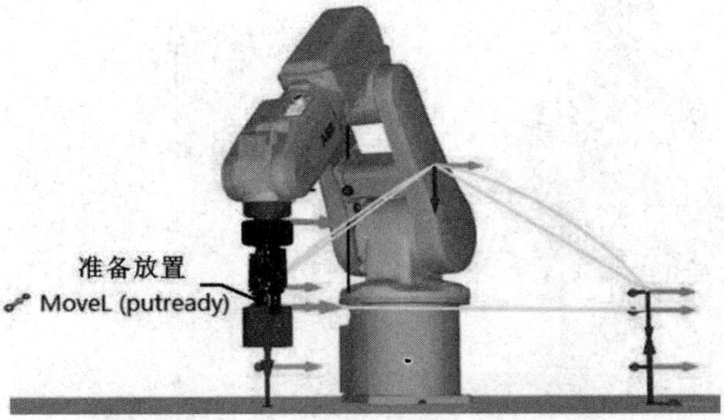 **准备放置** MoveL (putready) 图 2.250　机器人将包装盒搬运到"putready"点	机器人以 40 mm/s 的速度，将蓝色包装盒沿水平方向向左运送 600 mm，搬运到"putready"点
第六步	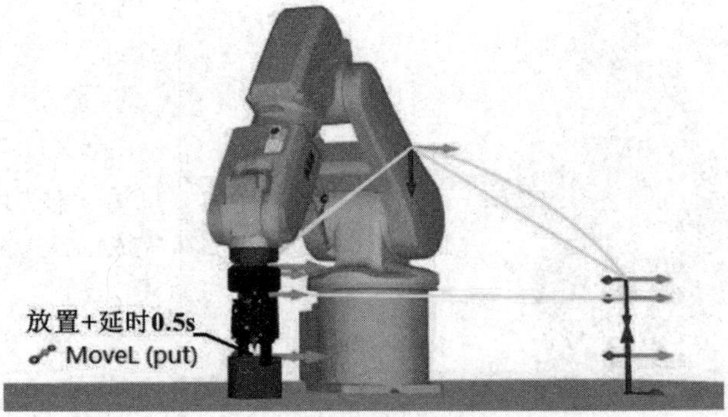 **放置+延时0.5s** MoveL (put) 图 2.251　机器人将包装盒放置到"put"点并松开手抓	机器人以 40 mm/s 的速度，将包装盒搬运到"put"点，并完成放置动作

续表二

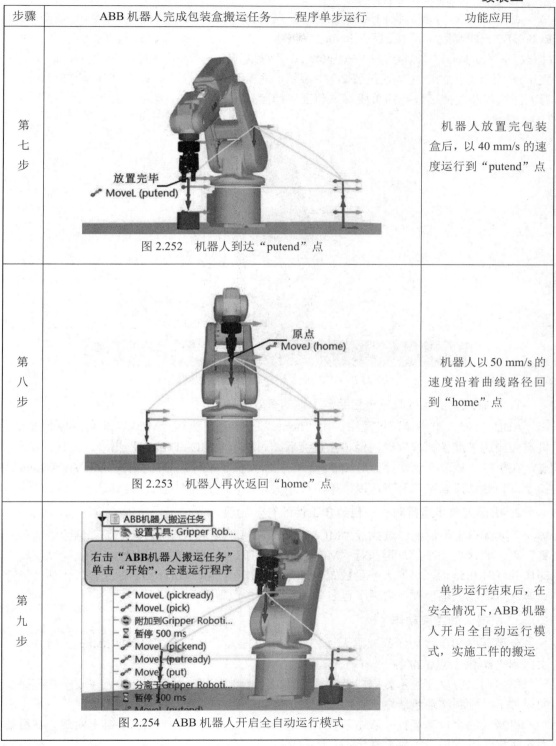

步骤	ABB 机器人完成包装盒搬运任务——程序单步运行	功能应用
第七步	放置完毕 MoveL (putend) 图 2.252　机器人到达"putend"点	机器人放置完包装盒后，以 40 mm/s 的速度运行到"putend"点
第八步	原点 MoveJ (home) 图 2.253　机器人再次返回"home"点	机器人以 50 mm/s 的速度沿着曲线路径回到"home"点
第九步	▼ ABB机器人搬运任务 设置工具: Gripper Rob... 右击"ABB机器人搬运任务"单击"开始"，全速运行程序 MoveL (pickready) MoveL (pick) 附加到Gripper Roboti... 暂停 500 ms MoveL (pickend) MoveL (putready) MoveL (put) 分离于Gripper Roboti... 暂停 500 ms MoveL (putend) 图 2.254　ABB 机器人开启全自动运行模式	单步运行结束后，在安全情况下, ABB 机器人开启全自动运行模式，实施工件的搬运

ABB 机器人调试和运行总结：

如图 2.255 所示，我们应用工业机器人仿真和离线编程软件——RoboDK3.2 或者 RoboDK3.5(较高版本)，按照从"home"点出发，先后经过"pickready"(准备抓)→"pick"(抓取)→"pickend"(抓取完毕)→"putready"(准备放)→"put"(放置)→"putend"(放置完毕)六个目标点的顺序，通过表 2.9 中展示的实操步骤，实现了 ABB IRB 120-3/0.6 型机器人完成包装盒搬运任务的单步调试和全自动运行。

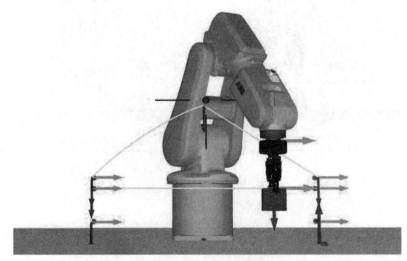

图 2.255　ABB 机器人完成包装盒的搬运任务

1. 机器人单步运行时——包装盒工件的有效抓取

ABB 机器人单步调试过程中，由"home"点出发，执行"MOVL(pickready)"指令，机器人到达"准备抓取"点，经该点过渡后，再执行"MOVL(pick)"指令，到达"抓取"点，在执行"抓取"动作并延时 0.5 s 后，机器人抓牢工件，随后执行"MOVL(pickend)"指令，到达"抓取完毕"点，以上单步程序实现了包装盒工件的有效抓取。

2. 机器人单步运行时——包装盒工件的有效放置

有效抓取工件后，通过执行"MOVL(putready)"指令，机器人运送工件到达"准备放置"点，经该点过渡后，再执行"MOVL(put)"指令，到达"放置"点，在执行"放置"动作并延时 0.5s 后，机器人平稳放置工件，随后执行"MOVL(putend)"指令，到达"放置完毕"点，以上单步程序实现了包装盒工件的有效放置。

3. 机器人的结束动作

全部抓取和放置动作都准确无误完成后，机器人通过执行"MOVJ(home)"指令，再次回到"home"点，准备下一次工作。

单步调试可以通过示教器或者计算机完成，单步调试可以保证机器人在安全和无碰撞的条件下，顺利实现包装盒工件的搬运和放置。

机器人的全自动运行一般由示教器现场启动，建立在单步调试的基础上实现。在机器人实际操作过程中，大家要注意：

(1) 一定要面向机器人或站在机器人身后完成搬运和放置程序的示教，千万不要让编程人员背对机器人，那样做会非常危险，大家在对机器人进行实操时要保持正确和安全的操作习惯；

（2）出于安全考虑，机器人的单步调试和全速运行不宜采用过高的运行速度，大家要将机器人的直线运动和关节运动速度控制在[40 mm/s，100 mm/s]范围内，同时将机器人运动的加速度控制在[80 mm/s², 300 mm/s²]范围内。

任务 2-6 工业机器人课后实训练习二

任务目标：

如图 2.256 所示，ABB 机器人搬运工作站中，包装盒 A(红色)和 B(蓝色)都放置在机器人右侧，并且相对于基坐标系，包装盒 A 的初始位置为 $X_A = 300$ mm、$Y_A = 200$ mm、$Z_A = 30$ mm，而包装盒 B 的初始位置为 $X_B = 300$ mm、$Y_B = 300$ mm、$Z_B = 30$ mm。

项目二任务六

现在需要对 ABB 机器人进行示教编程，实现包装盒 A 和 B 由机器人右侧向左侧的搬运任务，基坐标系下，包装盒 A 的终点位置为 $X_{AF} = 300$ mm、$Y_{AF} = -200$ mm、$Z_{AF} = 30$ mm，而包装盒 B 的终点位置为 $X_{BF} = 300$ mm、$Y_{BF} = -300$ mm、$Z_{BF} = 30$ mm。

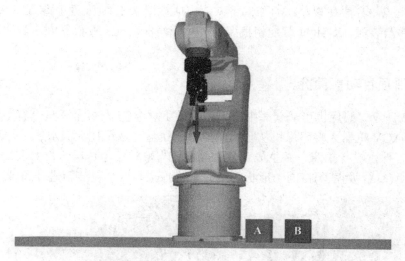

图 2.256 包装盒 A 和 B 的机器人搬运工作站

实训项目三　机器人在自动分拣与包装生产线上的应用

1. 实训目的和意义

本项目首先向同学们介绍工业机器人——自动分拣与包装生产线的电气和机械构造，随后让同学们详细了解该自动化生产线中工业机器人(串联六轴)、AGV 机器人(Automatic Guided Vehicle，自动导航小车)、码垛机(三轴机器人)、托盘流水线、包装盒流水线以及 X-Sight 智能相机、变频器、伺服驱动器和步进电机控制器等控制设备相互配合完成工件盒自动分拣与包装的生产过程。

本项目重点培养学生以小组合作的形式，完成机器人工具(吸盘手)装配、AGV 小车装配、光电传感器装配、X-Sight 智能相机调试、PLC 编程以及工业机器人示教编程等任务的实操能力。

2. 实训项目功能简介

如图 3.1 所示，码垛机可从仓库中取出相应的工件盒托盘(每个托盘上有数量不等的工件盒)，然后 AGV 机器人将码垛机从仓库中取出的托盘运送至托盘流水线上，再由 X-Sight 智能相机对工件盒进行拍照，并生成工件盒的位置与形状信息传送给机器人，最终工业机器人利用工具(复合吸盘手)将同一形状的工件盒分拣至同一个包装箱进行封装。

图 3.1　工业机器人——自动分拣与包装生产线

3. 实训岗位能力目标

(1) 熟悉工业机器人——工件盒自动分拣与包装生产线的电气和机械构造，能应用电气和自动化专业知识读懂工业机器人自动化生产线——控制柜的电气原理图和电气接线图等图纸，并能够对电气控制柜内的电器元件进行有效的维护；

(2) 能正确完成工业机器人——工件盒自动分拣与包装生产线的电气和机械装配与调试工作；

(3) 能利用工业交换机组建由 PLC、变频器、伺服驱动器、步进电机控制器、控制计算机、触摸屏、X-Sight 智能相机和工业机器人等设备组成的工业以太网，并对工业以太网中的控制设备进行 IP 地址分配；

(4) 针对工业机器人完成工件盒自动分拣与包装任务，具备 PLC 编程能力和通过示教器为机器人进行编程示教的能力。

任务 3-1 工业机器人——自动分拣与包装生产线的整体设计

任务目标：

(1) 掌握工业机器人——自动分拣与包装生产线的组成结构与功能。

(2) 熟悉工业机器人——自动分拣与包装生产线的工艺流程。

子任务 3-1-1 研究工业机器人自动分拣与包装生产线的组成结构与功能

如图 3.2 所示，工业机器人——工件盒自动分拣与包装生产线主要由：码垛机立体仓库系统、AGV 自动运输系统、机器人智能视觉系统和工业机器人分拣与包装系统以及计算机控制系统共计五部分组成。

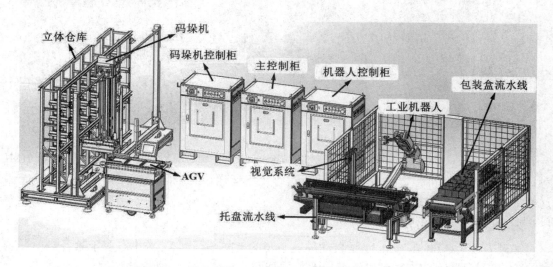

图 3.2 工业机器人——自动分拣与包装生产线的整体

1. 码垛机立体仓库系统

码垛机立体仓库系统是由码垛机(X、Y 和 Z 三自由度机器人)、工件盒立体仓库、位置传感器、码垛机 HMI 触摸屏、码垛机 PLC 以及码垛机电气控制柜等设备组成。如图 3.3 所示，工件盒立体仓库的库位中放有透明硬质塑料托盘，每个托盘上随机摆放着不同形状的金属工件盒(0～3 个)。工业机器人通过视觉识别系统，对这些工件盒进行分类拾取、码放与装箱。

图 3.3　工件盒立体仓库的库位中放置的托盘

如图 3.4 和 3.5 所示，当操作人员通过码垛机 HMI 触摸屏选定立体仓库特定库位上的托盘后，可以启动由 PLC 和变频器驱动的三自由度(三轴)码垛机器人，将指定库位上的托盘取出，并运送到 AGV 小车的起点位置处。

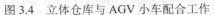

图 3.4　立体仓库与 AGV 小车配合工作　　　　　图 3.5　码垛机 HMI 触摸屏

注意：由于 AGV 小车单次最多可运送三个工件盒托盘，所以，操作人员在码垛机 HMI 触摸屏上单次最多可指定三个工件盒托盘进行出库运送，并且码垛机在单次工件盒出库运送时，只能拿取一个托盘。

2. AGV 自动传送系统

AGV(Auto Guided Vehicle)是自动导航小车的英文缩写，AGV 小车属于具备自动导航能力的运输机器人，AGV 可以沿着地面上规划好的轨迹，自动进行循迹运行。如图 3.6 所示，AGV 小车主要由 AGV 触摸控制屏(普通的电气控制触摸屏)、托盘传送与排列系统、直流电源系统、小车动力系统(直流电动机)以及自动导航系统组成。

图 3.6　AGV 小车停在起点位置　　　　图 3.7　AGV 小车顶部托盘传送与排列系统

AGV 小车回到装载托盘的起点后，如图 3.7 所示，其托盘传送与排列系统接收来自码垛机出库装置的工件盒托盘，而后依次将托盘传送并排列在 AGV 小车顶部传送带的指定工位。AGV 小车单次最多可摆放三个工件盒托盘，当托盘全部接收完成后，AGV 小车动力系统启动，沿着图 3.8 所示地面上预先铺设的"黑色导航磁条"，将托盘运送至图 3.9 所示的"托盘流水线"前端入口处。

图 3.8　AGV 小车与托盘流水线的相对位置　　　图 3.9　"托盘流水线"前端入口处

3. 工业机器人视觉系统

如图 3.10 所示，工业机器人视觉系统主要由 X-Sight 3D 照相机和视觉信息处理计算机组成，其中 X-Sight 3D 照相机利用 X-Ray(X-射线)原理对背光源上方的工件盒进行拍照，以获取工件盒的数量、位置和偏转角度等基本信息。

工业机器人视觉系统的工作过程如下：

(1) 当 AGV 小车承载工件盒托盘运行到"托盘流水线"前端入口处时，托盘流水线的变频控制系统启动，变频器以一定的输出电压 U 和输出频率 F 驱动托盘流水线电机运转，托盘流水线上表面的传送链条以相对较为平稳的速度运行，方向一般为自左向右，且其正常运送速度保持在[5cm/s, 10cm/s]范围内；

(2) 流水线自动将托盘逐一运送到 G4 工位，同一批次托盘数量一般不超过 3 个，而后再由机器人视觉系统(X-Sight 3D 照相机)以拍照的方式获取工件盒的数量、偏移位移和旋转角度等信息；

(3) 视觉系统中，X-Sight 3D 照相机与视觉信息处理计算机相连，X-Sight 3D 照相机可初步获取的工件盒数量、偏移位移和旋转角度等信息，并将有关信息传送给视觉信息处理计算机；

(4) 等视觉信息处理计算机将数据处理完成后，将相关信息传给主控 PLC，再由主控 PLC 传送给工业机器人，最后由工业机器人完成工件盒的分拣和搬运。

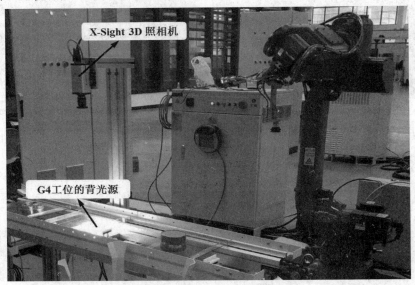

图 3.10　以 X-Sight 3D 照相机为核心的工业机器人视觉系统

4. 工业机器人分拣与包装系统

工业机器人分拣与包装系统如图 3.11 所示，主要由六轴工业机器人 ER10-1600、托盘流水线、包装盒流水线、机器人控制柜及空气压缩泵(空气动力泵)等设备组成。

图 3.11　工业机器人分拣与包装系统

(1) 正常分拣与包装工作中，放有工件盒的托盘首先被运送到托盘流水线的 G1 工位，工业机器人 ER10-1600 根据主控柜 PLC 所传递的关于工件盒数量、偏移位移和旋转角度等信息，利用单吸盘手对工件盒实施分拣拾取，而后再将相同形状的工件盒纳入包装盒流水线上相应的包装模块内。

(2) 如图 3.12 所示，机器人利用单吸盘手对工件盒实施分拣拾取时，每次操作只能拾取一枚工件盒。这里要注意：单吸盘手橡胶圈的面积要小于工件盒表面的面积，并且该橡胶圈密闭性良好，这样可以保证单吸盘手吸取工件盒的质量。单吸盘手吸取工件盒准备向包装盒内码放时，会根据本次拾取的工件盒在托盘上摆放时的中心位置偏移量和旋转角度，计算码放的高度和角度等数据，以避免工件盒碰撞到包装盒方格的边缘部分。

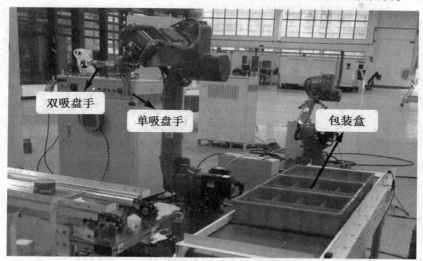

图 3.12　托盘流水线和包装盒流水线的相对位置

注意：同一形状的工件盒应以同样的角度(姿态)叠放在同一个包装盒的方格中，直至包装盒放满为止。

(3) 如图 3.13 所示，当托盘上的工件盒全部被机器人拾取完成后，机器人会在空中自动切换双吸盘手，将托盘流水线 G1 工位上的空托盘拾取并放入托盘库中。这里要注意：单、双吸盘手在自动切换过程中，气动管线要避免与机器人第Ⅳ和Ⅴ轴的缠绕。

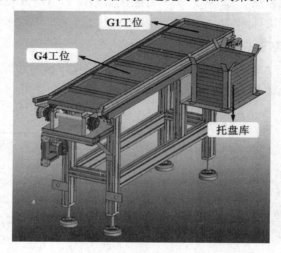

图 3.13　托盘流水线自带托盘库

(4) 如图 3.14 所示，包装盒流水线的 G7、G8 和 G9 工位一般共放置 3 个包装盒，每个包装盒有八个方格，每个方格最多可以码放两层形状相同的工件盒。正常情况下，机器人默认将工件盒放在 G8 工位包装盒中有空余位置的方格内，当 G8 工位上的包装盒装箱结束或者码垛超限时，主控 PLC 会启动包装盒流水线的步进电机，步进电机通过精确定位的功能，将下一个空包装盒调整到 G8 工位的位置，继续让机器人完成工件盒拣拾和分类装箱的任务，直至全部托盘上的工件盒分拣和装箱完毕为止。

图 3.14　工件盒流水线的 G7、G8 和 G9 工位

子任务 3-1-2　研究工业机器人自动分拣与包装生产线的工艺流程

工业机器人——工件盒自动分拣与包装生产线的工艺流程是严格按照工件盒的仓储、出库、运送、信息(中心位置偏移量和旋转角度)识别以及分拣与装箱的操作顺序，采用循环体结构，结合码垛机系统、AGV 系统、智能视觉系统和机器人系统的硬件情况制定的，能够满足企业实际生产的需求。

1. AGV 小车上料和送料的工艺流程

如图 3.15 所示，当 AGV 小车返回上料起点并且码垛机出库装置到位时，AGV 小车上部的输送线可以完成托盘(工件盒已就位)的上料输送。

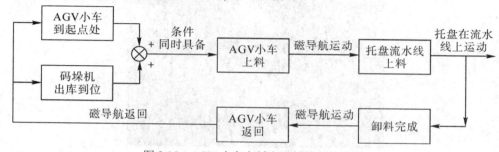

图 3.15　AGV 小车上料和送料的工艺流程

AGV 小车上部的输送线采用皮带传动方式工作，皮带在直流电机驱动下的传输线速度控制在[5cm/s, 10cm/s]范围内。AGV 小车的光电计数装置累计计满 3 个托盘后，其输送皮

带停止运转，从而完成托盘的上料工作。

当上料结束时，AGV 小车沿着磁导航线，将托盘运送到托盘流水线的入口处，而后由 AGV 小车上部的输送线和托盘流水线合作，将所有托盘导入到托盘流水线上。

完成上述卸料过程后，AGV 小车沿着磁导航线再次返回上料起点位置。不难看出，AGV 小车的上料和送料的过程可以循环往复进行。

2. 工件盒数量和位置信息采集的工艺流程

图 3.16 所示为工件盒数量和位置信息采集的工艺流程，这一工艺流程中，利用 X-Ray (X-射线)完成托盘上工件盒数量和位置信息的精确采集。

图 3.16 工件盒数量和位置信息采集的工艺流程

智能 X-Sight 3D 照相机通过支持 MODBUS 协议的工业通信网络，将工件盒的数量、偏移量和旋转角度等重要信息回传给图形图像处理计算机(主控计算机之一)，再由该计算机经过数据信息整合后，直接传送给主控 PLC。

这里需要注意：为适应工业控制要求，图形图像处理计算机所回传的信息应符合 PLC 的记录模式，PLC 最终将工件盒的数量和位置信息传递给机器人的控制器(示教器)，供机器人分拣和收纳工件盒时使用。

3. 工件盒拣拾和分类装箱的工艺流程

图 3.17 所示为工件盒拣拾和分类装箱的工艺流程，这一工艺流程中，当工业机器人从主控 PLC 处获得工件盒的数量和位置信息后，可以在避撞条件下，利用单吸盘手对全部工件盒实施拣拾和分类装箱。

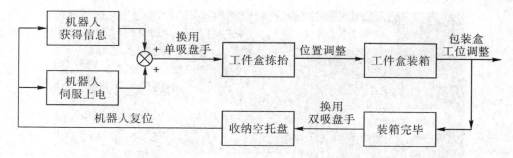

图 3.17 工件盒拣拾和分类装箱的工艺流程

当单个托盘上的工件盒全部装箱结束后，机器人在保证气动管线与其第Ⅳ和Ⅴ轴不发生缠绕的情况下，在空中换用双吸盘手，将托盘流水线 G1 工位上的空托盘拾起，并收纳到托盘库中。

而后当 G1 工位空出时，PLC 启动托盘流水线的变频器控制系统，通过链条传送的方式将下一托盘传送至 G1 工位。最后，机器人再换回单吸盘手，结合下一个托盘上工件盒的数量和位置信息进行工件盒的循环分拣和装箱操作。

任务 3-2　ER10-1600 型工业机器人的应用

任务目标：

(1) 熟悉工业机器人自动分拣与包装生产线的总体布局。

(2) 认识 ER10-1600 型工业机器人的主要性能参数。

子任务 3-2-1　研究工业机器人——工件盒自动分拣与包装生产线的总体布局

1. 工业机器人自动分拣与包装——柔性制造系统

(1) 码垛机立体仓库中存放工件盒的数量、样式和种类可根据市场需求随时进行调整，每个仓库库位的托盘上可以码放 0～3 个不同形状、不同重量的工件盒，且单个工件盒重量的范围为[0.05kg, 0.55kg]；

(2) AGV 机器人(自动导航小车)的直线或曲线行进速度和轨迹可以根据生产需要随时调整，AGV 小车的导航线路一般选为直线(由 AGV 小车上料起点至托盘流水线入口处)且用磁导航条指示；

(3) ER10-1600 型工业机器人通过其智能视觉系统可以自动识别工件盒工件的数量、形状、大小、几何中心偏移量和旋转角度等信息，从而可以实现多种工件盒的自动分拣与装箱。

2. 工业机器人自动分拣与包装生产线的总体布局

如图 3.18 所示，工业机器人自动分拣与包装生产线可分为四个主要的自动化生产区域，分别为：电气控制区(整个自动化生产线的指挥调度中心)、码垛立体仓库区、AGV 小车运输区以及机器人分拣与装箱区。

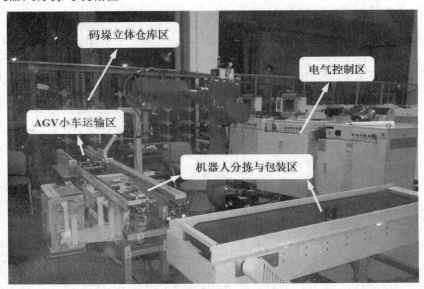

图 3.18　工业机器人自动分拣与包装生产线的总体布局

电气控制区设有码垛机控制柜(左)、主控制柜(中)和机器人控制柜(右)，负责整个生产线的通信和协调运行，码垛立体仓库区用于工件盒的存放和出库操作，AGV 小车运输区用于完成工件盒托盘的搬运任务，工业机器人自动分拣与装箱区是整个柔性制造系统的核心区域，工业机器人在该区域按照工件盒的形状对其完成分拣和装箱的工作任务。

3. ER10-1600 型工业机器人的应用

从图 3.18 中不难看出，配备复合吸盘手的 ER10-1600 型工业机器人、托盘流水线、包装盒流水线和机器人控制柜共同组成了面积约为 4.2 m² 的机器人分拣与包装工作区。

该区域中，机器人底座几何中心所在的坐标系为机器人的基坐标系，它是整个机器人工作站布局的基础坐标系。在基坐标系下(观察视角设在机器人身后)，从机器人底座几何中心所在的坐标系原点出发，垂直于托盘流水线的方向水平向前为+X 轴，而沿着托盘流水线的方向水平向左为+Y 轴，同时沿着机器人的底座竖直向上为+Z 轴。以上三个参考方向是本项目中工业机器人目标点轨迹规划和示教编程的基础。

(1) 在+X 方向上，托盘流水线到机器人底座中心点的最大距离约为 1355 mm；

(2) 在+Y 方向上，包装盒流水线到机器人底座中心点的最大距离约为 1125 mm；

因此，根据上述工业机器人自动分拣与包装生产线的总体布局情况，我们选用最大工作范围为 1600 mm 的 ER10-1600 型工业机器人(第六轴最大荷重为 10 kg)完成工件盒自动分拣与装箱的任务。

子任务 3-2-2　ER10-1600 型工业机器人的主要性能参数及应用

1. ER10-1600 型工业机器人的六轴六自由度结构

如图 3.19 所示，ER10-1600 型工业机器人是串联六轴六自由度机器人，其六个关节轴 J1→J6 的转动效果可类比于人类从"腰部"(J1)→"大臂"(J2)→"肘关节"(J3)→"小臂"(J4)→"腕关节"(J5)→"手部"(J6)共计六个关节的自由运动。

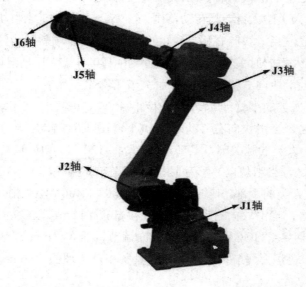

图 3.19　ER10-1600 型工业机器人的六轴六自由度结构

　　工业机器人在进行"home"点姿态调节时，一般选用示教器上的"JOG"功能——机器人六个关节轴J1→J6可单独配置角度，以便机器人在"home"点具备合理的工作空间。

　　本项目中，ER10-1600型工业机器人安装复合吸盘手(单吸盘手和双吸盘手)后，复合吸盘手工具的TCP点所能够到达的范围为1600 mm，并且该复合吸盘手最大拾取重量为10 kg，满足工件盒分拣与装箱实际生产的需要。

　　ER10-1600型工业机器人示教器——"JOG"功能的主界面如图3.20所示，该机器人六个轴J1→J6的转动角度可以通过示教器主界面的滑块进行微调。

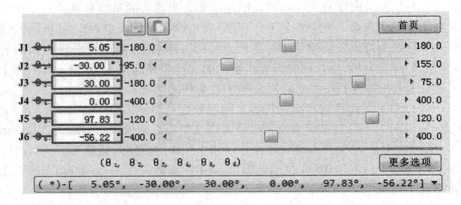

图3.20　ER10-1600型工业机器人示教器——"JOG"功能的主操作界面

　　当我们面向机器人，手动调节如图3.20所示的ER10-1600型工业机器人示教器的主操作界面时，其J1→J6六个轴的独立调节过程如下所示，机器人J1→J6六个轴关节角的独立调节往往用于机器人"home"点的示教。

　　(1) J1轴类比于人类的腰部，其转动范围为[−180°，180°]，当滑块向左移动时，J1(腰部)顺时针转动，反之，当滑块向右移动时，J1(腰部)逆时针转动；

　　(2) J2轴类比于人类的大臂，其转动范围为[−95°，155°]，当滑块向左移动时，J2(大臂)向后方倾斜，反之，当滑块向右移动时，J2(大臂)向前方倾斜；

　　(3) J3轴类比于人类的肘关节，其转动范围为[−180°，75°]，当滑块向左移动时，J3(肘关节)抬起，反之，当滑块向右移动时，J3(肘关节)落下；

　　(4) J4轴类比于人类的小臂，其转动范围为[−400°，400°]，当滑块向左移动时，J4(小臂)顺时针转动，反之，当滑块向右移动时，J4(小臂)逆时针转动；

　　(5) J5轴类比于人类的腕关节，其转动范围为[−120°，120°]，当滑块向左移动时，J5(腕关节)外翻，反之，当滑块向右移动时，J5(腕关节)内翻；

　　(6) J6轴类比于人类的手部，其转动范围为[−400°，400°]，当滑块向左移动时，J6(手部)逆时针转动，反之，当滑块向右移动时，J6(手部)顺时针转动。

　　现场通过示教器——"JOG"功能的主界面调节机器人"home"点姿态时，工程技术人员需要凭借经验和观察力调节机器人，使其具备相对合理的"home"点工作空间。

2. ER10-1600 型工业机器人的主要性能参数指标

ER10-1600 型工业机器人属于工业机器人家族中的中小型机器人，安装不同的智能工具后，一般可以完成搬运与码垛、喷涂、弧焊以及上下料等工作任务。

ER10-1600 型工业机器人共有六个关节轴(six Joints)，对应拥有六个自由度(six Degrees of Freedom)，其中每个关节轴的转动由一套交流伺服电机配以谐波减速器来驱动。ER10-1600 型工业机器人第六轴——智能工具 TCP 点在笛卡尔坐标系下的运动要依靠该机器人六轴联动来实现。该型号机器人的基本构造、自由度、驱动方式、最大运动范围、最大运动角速度等性能指标如表 3.1 和 3.2 所示。

表 3.1　ER10-1600 型工业机器人的主要性能参数指标(一)

机器人类型	中小型	ER10-1600 型
结构	串联	关节型
自由度	轴	六轴六自由度
驱动方式	复合驱动	AC 伺服驱动 + 谐波减速器
最大动作范围 (以角度衡量)	J1	±3.14rad(±180°)
	J2	+2.70 rad / −1.66 rad(+155°/ −95°)
	J3	+1.30 rad /−3.14 rad(+75°/ −180°)
	J4	±6.97 rad(±400°)
	J5	±2.09 rad(±120°)
	J6	±6.97 rad(±400°)
最大运动速度 (以角速度衡量)	J1	2.96 rad/s(170°/s)
	J2	2.88 rad/s(165°/s)
	J3	2.96 rad/s(170°/s)
	J4	6.28 rad/s(360°/s)
	J5	6.28 rad/s(360°/s)
	J6	10.5 rad/s(600°/s)

ER10-1600 型工业机器人自重 180 kg，设备总功率为 7.5 kW，其电气控制柜采用三相电源供电，其中每相电的额定电压为 380 V。

根据实际生产需要，该机器人可以固定在地面底盘上安装，也可完成悬吊安装。ER10-1600 型工业机器人第六轴法兰盘中心点的最大运动范围为 1600 mm，且其第六轴最大荷重为 10 kg，重复定位精度达到 ±0.08 mm。

ER10-1600 型工业机器人参照 MODBUS 或者 TCP/IP 通信协议，可与 PLC 或上位机建立网络通信，该型号机器人其余的性能参数指标如表 3.2 所示。

表 3.2　ER10-1600 型工业机器人的主要性能参数指标(二)

最大运动半径	R	1600 mm
可搬重量	M	10 kg
重复定位精度	(mm)	± 0.08 mm
通信方式	网络	MODBUS TCP/IP
手腕扭矩	J4	49 N·M
	J5	49 N·M
	J6	23.5 N·M
手腕惯性力矩	J4	1.6 kg·m^2
	J5	1.6 kg·m^2
	J6	0.8 kg·m^2
环境温度	T	0~45 ℃
安装条件	C	地面安装、悬吊安装
防护等级	IP	IP68(防尘、防滴)
本体重量	M	180 kg
电源接入	U3~	380 V/220 V
设备总功率	P	7.5 kW

任务 3-3　工业机器人自动分拣与包装生产线的机械和电气安装

任务目标：

(1) 完成托盘流水线和安全护栏光电传感器的安装与调试。

(2) 完成工业机器人复合吸盘手的工装组装。

(3) 实现工业机器人智能视觉系统的网络连接。

(4) 完成 AGV 机器人上部输送线的安装与调试。

子任务 3-3-1　完成托盘流水线和安全护栏光电传感器的安装与调试

1. 安装并调试托盘流水线上的三个光电传感器

托盘流水线上的三个光电传感器的安装与调试步骤如下：

(1) 当 AGV 小车承载着装有工件盒的托盘来到托盘流水线入口处时，托盘流水线上部的传动装置与 AGV 小车上部的输送线同步工作完成托盘的上料。如图 3.21 所示，上料过程中，托盘流水线入口处的光电传感器可以配合主控 PLC 完成托盘的计数。因此，我们首先在托盘流水线入口处安装一个光电传感器。

托盘导入托盘流水线时，托盘每遮挡一次光电传感部件，PLC 内部计数器就会对托盘数量自动加一，托盘数量增长到"三"时，PLC 控制托盘流水线的变频器停止驱动电机运转，此时传送装置(链条)停止工作。接下来，可以进入托盘拍照流程。

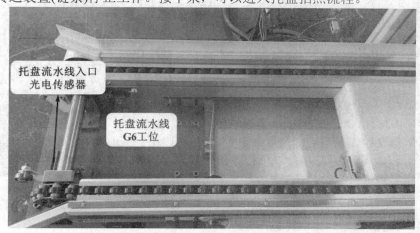

图 3.21 托盘流水线入口处安装一个光电传感器

(2) 托盘进入托盘流水线后，在传送装置的带动下，由 G6 工位一路向右被传送至 G4 工位，为了让托盘能准确停在白色背光源上，并且有效启动 X-Sight 3D 智能相机拍照，以获取托盘上工件盒的数量和位置等信息，如图 3.22 所示，我们在 G4 工位白色背光源左侧安装一个光电传感器(光电开关)。

图 3.22 G4 工位白色背光源左侧安装一个光电传感器

托盘遮挡 G4 工位左侧光电传感部件后(注：下降沿信号有效后)，传送装置(链条)停止输送，托盘准确停留在白色背光源上，并由相机对其进行数据采集。

(3) 当托盘在 G4 工位完成拍照后，流水线的传送装置(链条)将继续带动托盘来到 G1 工位(机器人分拣工位)，为了让托盘能准确进入并停在 G1 工位上，如图 3.23 所示，我们在 G1 工位左侧安装一个光电传感器(光电开关)，用于托盘的定位，并且通知工业机器人开始下一步工件盒的分拣工作。

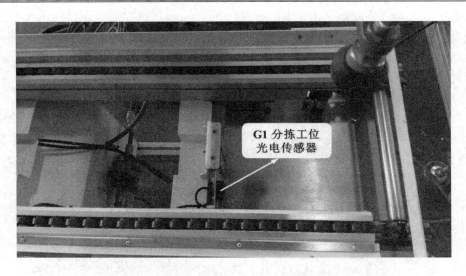

图 3.23　G1 工位(机器人分拣工位)左侧安装一个光电传感器

2. 安装安全护栏上的光电传感器

　　工业机器人在工件盒分拣与装箱工作区域内完成编程示教和全自动运行时，为防止操作人员误入机器人工作空间发生危险，在工业机器人分拣与装箱工作区域的四周需要加装安全护栏，并且如图 3.24 所示，我们需要在安全护栏入口处的闸门上安装光电传感器，这样做的目的是在安全护栏入口处的闸门被打开的瞬间，工业机器人可以根据光电传感器的信号，立即停止工作，以保证操作人员的安全。

图 3.24　安全护栏入口处的闸门上安装光电传感器

子任务 3-3-2　完成工业机器人复合吸盘手的工装组装

本任务中，我们首先完成如图 3.25 所示的机器人智能工具(气动执行机构)——复合吸盘手的组装。

等复合吸盘手组装完成后，我们再将其安装在工业机器人第六轴末端的圆形法兰盘上，以便能完成工件盒的分拣与装箱工作。

复合吸盘手的组装及安装流程如下：

(1) 将直径 30 mm($\Phi = 30$ mm)的黑色橡胶吸盘安装在吸盘支架上，注意：要保证吸盘的圆形敞口垂直于吸盘支架；

(2) 将气管接头安装在吸盘支架上；

(3) 将吸盘支架固定在连接杆上，注意：要保证吸盘支架牢固固定在连接杆末端，以便能承受工件盒的重量；

(4) 将复合吸盘连同其连接杆一并固定在复合吸盘手的法兰盘上，注意：要保证单吸盘手和双吸盘手的位置尽量对称；

(5) 将复合吸盘手的法兰盘安装在机器人第六轴的圆形法兰上，注意：要保证复合吸盘手法兰盘的轴线与机器人第六轴圆形法兰的轴线重合；

(6) 将直径 5 mm($\Phi = 5$ mm)的气管插入气管接头，并保证其密闭性(气管不漏气)，通常同一口径的气管需要结扎在一起。

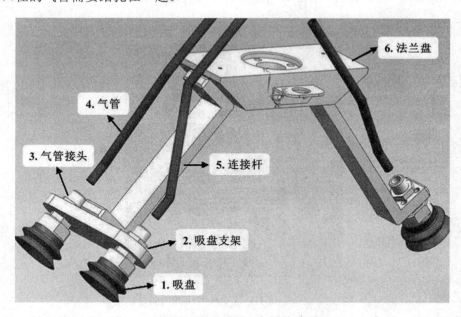

图 3.25 复合吸盘手的组装及安装流程

以上关于复合吸盘手的六步组装及安装工作结束后，机器人第六轴安装好工具(复合吸盘手)的效果如图 3.26 所示。

机器人的智能工具包括一个单吸盘手和一个双吸盘手，二者在空间上成 90°夹角。单吸盘手用于工件盒的分拣与装箱，双吸盘手则用于托盘的入库。

图 3.26　复合吸盘手的组装及安装效果图

子任务 3-3-3　实现工业机器人智能视觉系统的网络连接

如图 3.27 所示，托盘流水线 G4 工位的正上方 800 mm 处，垂直于托盘流水线台面，安装有 X-Sight 3D 智能相机，用于对托盘上的工件盒进行拍照，以获取工件盒的位置与数量等信息。

图 3.27　X-Sight 3D 智能相机顶部的网络连接

拍照完成后，X-Sight 3D 智能相机会将图形数据通过交换机网络传递给后台的图形图像处理计算机，再由图形图像处理计算机进一步将图形处理成 PLC 和机器人能接收的数据格式，供机器人完成分拣与装箱使用。

工业机器人智能视觉系统的网络连接步骤如下：

(1) 如图 3.27 所示，在 X-Sight 3D 智能相机的顶部安装好以太网网络接头和 RS-485 总线接头，其中以太网网线用于连接照相机和主控柜内的工业交换机，以便照相机与后台编程计算机之间进行图形图像信息的传输，而 RS-485 总线用于连接照相机控制器和相机本身，用于触发拍照和背光源控制；

　(2) 如图 3.28 所示，通过位于主控柜内的交换机，建立图形图像处理计算机和 X-Sight 3D 智能相机之间的网络连接，使得图形图像处理计算机能访问 3D 智能相机。

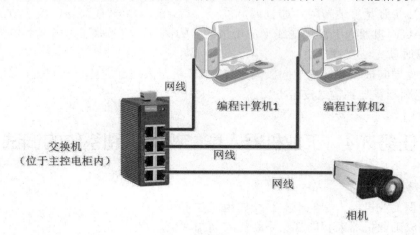

图 3.28　图形图像处理计算机和 X-Sight 3D 智能相机的网络连接

子任务 3-3-4　完成 AGV 机器人上部输送线的安装与调试

　　AGV 机器人上部的输送线主要完成从码垛机接收托盘并向托盘流水线输送托盘的任务，接下来如图 3.29 所示，我们要对 AGV 机器人上部的输送线的主动轴、从动轴、同步传送带机构以及托盘导向板进行安装与调节，以便为系统的后期整体调试做好准备工作。

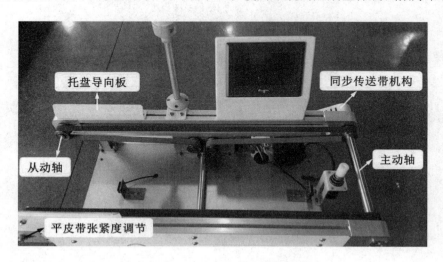

图 3.29　完成 AGV 机器人上部输送线的安装与调试

　　AGV 机器人上部输送线的安装与调试步骤如下：

　　(1) 主动轴的安装——将主动轴的轴承、轴心和双侧皮带套接在一起，然后固定在 AGV 机器人(小车)的前端；

（2）同步传送带机构——将同步传送带驱动电机、皮带齿轮和皮带本身套接在一起，固定在 AGV 小车前端的侧面，以便驱动主动轴的运转；

（3）从动轴的安装——将从动轴的轴承、轴心和双侧皮带套接在一起，然后固定在 AGV 机器人(小车)的尾部，这时可以手动转动主动轴，看从动轴与主动轴配合运转的效果；

（4）平皮带张紧度调节——通过调节位于 AGV 小车尾部托盘导向板下方的内六角螺母，实现 AGV 机器人上部输送线平皮带张紧度的调节，皮带张紧度若是不够的话，皮带在运送托盘时就无法支撑托盘；

（5）托盘导向板——托盘导向板固定在 AGV 机器人尾部的托盘入口处，以便让托盘携带工件盒能顺利登陆到输送皮带上。

任务 3-4　工业机器人智能视觉识别系统的调试

任务目标：
(1) 认识工业机器人智能视觉系统的组成与工作模式。
(2) 完成工业机器人智能视觉系统的安装与调试。

子任务 3-4-1　认识工业机器人智能视觉系统的组成与工作模式

如图 3.30 所示，机器人智能视觉系统主要由 X-Sight 3D 智能相机、白色背光源、光源控制器等部件组成。其中，X-Sight 3D 智能相机由机身和镜头两部分组成，智能相机采用 1/3″ CMOS 图像传感器作为感光成像元件，其镜头分辨率达到约 30 万像素(640×480)。

图 3.30　X-Sight 3D 智能相机的机身和镜头

如图 3.31 所示，当工件盒到达 G4 拍照工位时，智能视觉系统开启白色背光源，智能相机利用其工业级镜头 computar 以全局曝光模式(快门速度为 0.5 s)对托盘上的工件进行拍照，并通过以太网将工件盒的数量和位置信息发送给后台图形图像处理计算机。

图 3.31　托盘流水线上 G4 工位的白色背光源

X-Sight 3D 智能相机可以准确采集托盘上工件盒的数量和位置信息，并且可以在 ModBus-485 和 ModBus-TCP 协议的支持下，实现与图形图像处理计算机或者 PLC 等控制设备的网络连接，X-Sight 3D 智能相机的拍摄和机械特性参数如表 3.3 所示。

表 3.3　X-Sight 3D 智能相机的拍摄和机械特性参数

型号		H0514-MP2			
焦距		5 mm			
最大对焦比		1:1.4			
最大图像格式		6.4 mm×4.8 mm(Φ8 mm)			
操作范围	光圈	F1.4-F16C			
	焦点	0.1 m-0.9 m			
在 M.O.D 对象尺寸		15.0(H)cm × 11.1(V)cm 1/2″			
视角	D	1/2″	76.7°	1/3″	51.9°
	H		65.5°		51.4°
	V		51.4°		39.5°
失真		1/2″-0.48%		1/3″-2.26%	
后焦距		10.8 mm			
安装		C-Mount			
滤波镜螺丝		M43 P=0.75 mm			

子任务 3-4-2　完成工业机器人智能视觉系统的安装与调试

1. X-Sight 3D 智能相机的集成安装

(1) X-Sight 3D 智能相机的电气与网络连接。

如图 3.32 所示，X-Sight 3D 智能相机通过 RJ45 网络接口采用普通双绞线(网线)，经过主控柜内的工业交换机(8 组 IP 端口)，与后台图形图像处理计算机相连，进行实时信息采集和数据传输；同时，该相机通过 DB15 串口采用 RS-485 总线与背光源控制器连接，控制背光源的开启和接收有效的拍摄控制信号。

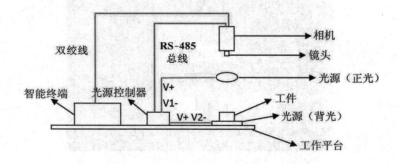

图 3.32　X-Sight 3D 智能相机的电气与网络连接

(2) X-Sight 3D 智能相机的拍照应用。

当托盘到达 G4 工位时，该工位的光电开关动作，随即通过白色光源控制器开启背光源 SI-FL200200，然后，X-Sight 3D 智能相机完成托盘上工件盒的拍照工作，并将工件盒的相关图像信息传回后台计算机。

2. 工业机器人智能视觉系统的调试

工业机器人智能视觉系统的调试步骤如下：

(1) 开启 X-Sight Studio 中的"视觉工具"功能。

图 3.33　开启 X-Sight Studio 软件中的"视觉工具"功能

当工件盒的相关图像信息传回后台图形图像处理计算机时，如图 3.33 所示，我们利用 X-Sight Studio(X-Sight 智能相机图像处理软件)中的"视觉工具"功能，对不同形状的工件盒进行"定位识别"。

(2) 开启"定位工具"中的"图案定位"功能。

如图 3.34 所示，在"视觉工具"菜单中先选择"定位工具"，而后在"定位工具"子菜单中选择"图案定位"功能。

图 3.34　开启"定位工具"中的"图案定位"功能

　　选择完成后，我们顺利开启 X-Sight Studio 软件中的"图案定位工具"，从而可以对每个托盘上不同的工件盒数量与位置信息进行后期处理，每个工件盒几何中心的偏移量和旋转角度等信息都可以制作成主控 PLC 能够接收的浮点数数据形式，再由后台计算机通过工业以太网传送给主控 PLC 及工业机器人。

　　这样，机器人视觉系统就给每种形状的工件盒工件分配一个"图案定位"工具，即：每个"图案定位"工具自带一个方形的"学习框"。

　　(3) 利用"学习框"功能对工件盒的形状进行统计。

　　如图 3.35 所示，在 X-Sight Studio 软件的操作界面上，我们利用"学习框"框中要学习(识别)的工件盒工件，然后单击"学习"按钮，机器人智能视觉系统就具备了识别该形状工件的能力。

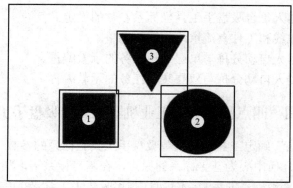

图 3.35　利用"学习框"功能对工件盒的形状种类进行统计

注意：本项目中，我们所建立的"图案定位"工具的数量与工件盒形状的数量相同。图 3.35 中，我们为方形、三角形和圆形工件各自建立了一个"学习框"，机器人智能视觉系统就具备了识别这三种形状工件盒的能力。

(4) 利用"图案定位"工具自动计算工件的坐标偏移和旋转角度。

"图案定位"工具除了能够准确识别工件盒工件的形状，同时也具备自动计算工件的坐标偏移量和旋转角度的能力，且角度识别范围为[−180°，180°]。如表 3.4 所示，经过对"图案定位"工具参数的设置，后台 X-Sight Studio 程序会协助机器人视觉系统处理、生成各工件的坐标偏移量和旋转角度等位置信息。

表 3.4　"图案定位"工具参数配置

参数名称	参数值设置
图像采集区	tool1
学习区域起点 x	123
学习区域起点 y	232
学习区域终点 x	459
学习区域终点 y	462
搜索区域起点 x	0
搜索区域起点 y	0
搜索区域终点 x	800
搜索区域终点 y	600
目标搜索最大个数	5
目标搜索的起始/终止角度	−180° /180°

任务 3-5　工业机器人完成工件盒自动分拣与装箱任务的示教编程

任务目标：

(1) 完成工业机器人复合吸盘手工具坐标系参数的设定。

(2) 完成托盘流水线和工件盒流水线位置的调整。

(3) 实现工业机器人自动分拣与单层装箱任务的示教编程。

(4) 实现工业机器人自动分拣与双层装箱任务的示教编程。

子任务 3-5-1　利用"四点法"确定工业机器人复合吸盘手工具坐标系的参数

(1) 利用"四点法"确定工业机器人单吸盘手工具坐标系的参数。

以机器人基座的几何中心为基坐标系的原点，在基坐标系下，利用"四点法"确定工业机器人单吸盘手工具坐标系的参数。本项目中，单吸盘手工具坐标系的参数为 x = 0 mm、y = 161.42 mm、z = 158.28、a = −90°、b = 140°、c = 90°。单吸盘手工具坐标系的校准是为了让工业机器人能够准确实现工件盒的吸取和放置。

(2) 自动计算工业机器人双吸盘手工具坐标系的参数。

在基坐标系下，操作人员将单吸盘手的工具坐标系的参数录入机器人的示教器内，而后机器人控制系统会自动计算工业机器人双吸盘手工具坐标系的参数。

子任务 3-5-2　完成托盘流水线和包装盒流水线位置的调整

1. AGV 小车与托盘流水线相对位置的调整

如图 3.36 所示，当 AGV 小车运送托盘到达托盘流水线入口位置时，会自动停车。AGV 小车停稳后，会自动将装有工件盒工件的托盘沿着托盘流水线前端滑轮水平切面的方向送入托盘流水线。

此时，我们务必要保证 AGV 小车输送带平面的高度高于托盘流水线前端滑轮水平切面的高度，以确保托盘能顺利登陆托盘流水线。

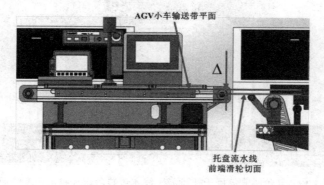

图 3.36　AGV 小车与托盘流水线相对位置的调整

2. X-Sight 智能相机镜头角度的调整

当托盘被送入托盘流水线的 G4 工位时，X-Sight 3D 智能相机会对托盘和托盘上的工件进行拍照，如图 3.37 所示，此时务必要保证照相机镜头的拍摄方向垂直于托盘流水线的输送带平面，这样才能获得工件盒准确的数量和位置信息。我们可以借助水平仪调节 X-Sight 3D 智能相机与输送带平面之间的垂直度。

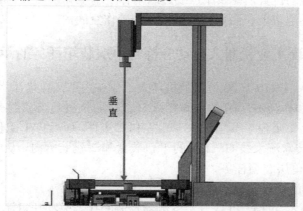

图 3.37　X-Sight 智能相机镜头垂直于托盘流水线的输送带平面

3. 托盘流水线和包装盒流水线平行度的调整

如图 3.38 所示，工业机器人第Ⅵ轴复合吸盘手(一般选双吸盘手)的末端安装了一只红色的激光笔，专门用于机器人工作站中托盘流水线和包装盒流水线平行度的调整。

(1) 利用 ER10-1600 型工业机器人的工具坐标系调节机器人第Ⅵ轴的姿态，可以确保机器人第Ⅵ轴始终平行于基坐标系的 z 轴，利用上述办法，我们调节 ER10-1600 型工业机器人的第Ⅵ轴及其智能工具的姿态，使其携带的激光笔一直朝向 Z 轴的方向，以便完成托盘流水线和包装盒流水线平行度的调整。

(2) 如图 3.38 所示，通过工业机器人的示教器，控制机器人(第Ⅵ轴)运动到托盘流水线上方适当的高度，并且让激光笔发出的红光对准托盘流水线铝合金支架的一个直角顶点(托盘流水线支架两条边线的交点)。

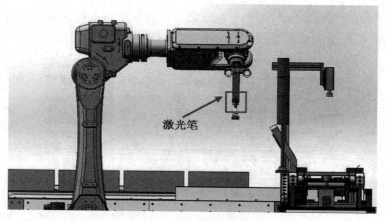

激光笔

图 3.38 红色激光笔用于托盘流水线和包装盒流水线平行度的调整

(3) 利用工业机器人的工具坐标系，通过工业机器人的示教器控制机器人沿着基坐标系 Y 轴的方向运动(机器人处于低速运行状态)，操作人员注意观察激光笔发出的红光是否偏离铝合金支架的边线，并对托盘流水线的位置做出适当调整，使该流水线边缘平行于基坐标系的 Y 轴。

(4) 利用与步骤(2)到(3)同样的方法(机器人沿着基坐标系 X 轴的方向低速运动)，可适当调整包装盒流水线的位置，使该流水线边缘平行于基坐标系的 X 轴，最终保证托盘流水线和包装盒流水线输送带上表面均位于机器人的工作空间内。

子任务 3-5-3 实现工业机器人自动分拣与单层装箱任务的示教编程

如图 3.39 所示， ER10-1600 型工业机器人工作站内部，托盘流水线中的 G1 和 G2 工位分别放置托盘 A 和托盘 B，托盘 A 和托盘 B 的中心位置各自放置有 1#工件和 2#工件，机器人将分两次利用单吸盘手分别拾取 1#工件和 2#工件，而后将 1#工件和 2#工件分别放入如图 3.40 所示的包装盒流水线 G8 工位的 1#包装盒和 2#包装盒内，从而完成连续两个工件(1#工件和 2#工件)的单层装箱任务。

工业机器人自动分拣与单层装箱的具体步骤如下：

(1) 如图 3.39 所示，通过 PLC 开启变频器控制系统，驱动托盘流水线运转，托盘流水线输送带以 5 cm/s 的速度，匀速将托盘 A 运送到 G1 工位，托盘到位后，PLC 关闭变频器控制系统，托盘流水线停转，托盘 A 的中心位置放有 1#工件。

(2) 通过示教器完成 ER10-1600 型工业机器人的在线示教编程，控制机器人由"home"点出发，利用单吸盘手从 G1 工位托盘 A 的中心位置拾取 1#工件，并将 1#工件放置在如图 3.40 所示的包装盒流水线 G8 工位的 1#包装盒内，形成 1#工件的单层摆放，注意：1#工件的边缘千万不要碰到 G8 工位的 1#包装盒边缘，否则会造成 1#工件、1#包装盒或者单吸盘手的损坏。

(3) 机器人完成对 1#工件的装箱操作后，在返回托盘流水线 G1 工位的途中切换双吸盘手，当机器人再次回到 G1 工位时，利用双吸盘手拣拾空托盘 A，并将其纳入托盘库中。

(4) 机器人完成本次对 1#工件和空托盘 A 的操作后，返回其"home"点，准备下一次分拣与装箱操作。

(5) 如图 3.39 所示，托盘流水线输送带将托盘 B 运送到 G1 工位，托盘 B 的中心位置放有 2#工件。

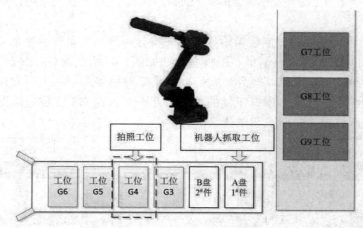

图 3.39 工件盒自动分拣与单层装箱任务示意图

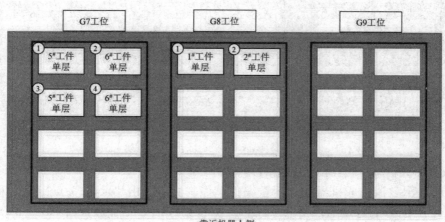

图 3.40 包装盒流水线 G8 工位——工件单层装箱的效果图

(6) 通过示教器完成机器人的示教编程，控制机器人再次由"home"点出发，利用单吸盘手从 G1 工位托盘 B 的中心位置拾取 2# 工件，并将 2# 工件放置在如图 3.40 所示的包装盒流水线 G8 工位的 2# 包装盒内，再次形成工件盒的单层摆放。

(7) 机器人完成对 2# 工件的装箱操作后，在返回托盘流水线 G1 工位的途中切换双吸盘手，当机器人再次回到 G1 工位时，利用双吸盘手拣拾空托盘 B，并将其纳入托盘库中。

(8) 机器人完成本次对 2# 工件和空托盘 B 的操作后，返回其"home"点，准备下一次分拣与装箱操作。

子任务 3-5-4　实现工业机器人自动分拣与双层装箱任务的示教编程

如图 3.40 所示，ER10-1600 型工业机器人工作站内，包装盒流水线中 G7 工位的 1# 和 3# 包装盒内各放有一个 5# 工件，同时该工位的 2# 和 4# 包装盒内各放有一个 6# 工件。

ER10-1600 型机器人首先将分两次利用单吸盘手从 G7 工位的 1# 和 3# 包装盒内拾取 5# 工件，并将这两个 5# 工件叠放在如图 3.41 所示的 G8 工位的 5# 包装盒内，形成两个工件的双层装箱。

完成连续两个 5# 工件的双层装箱后，机器人将分两次利用单吸盘手从 G7 工位的 2# 和 4# 包装盒内拾取 6# 工件，并将这两个 6# 工件叠放在如图 3.41 所示的 G8 工位的 6# 包装盒内，再次形成两个工件的双层装箱。至此，我们完成了工业机器人——工件盒自动分拣与双层装箱任务的示教编程。注意：所有工件的边缘千万不要碰到 G8 工位包装盒的边缘，否则会造成工件、包装盒或者单吸盘手的损坏。

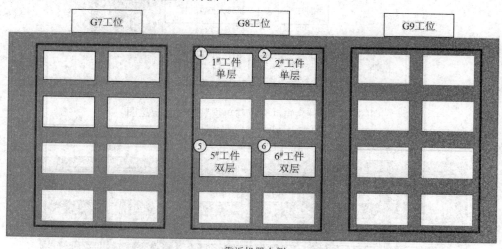

图 3.41　工件盒流水线 G8 工位——工件双层装箱的效果图

工业机器人自动分拣与双层装箱的具体步骤如下：

(1) 通过示教器完成机器人的示教编程，控制机器人由"home"点出发，利用单吸盘手从 G7 工位的 1# 包装盒内拾取 5# 工件，并将第一个 5# 工件放置在 G8 工位 5# 包装盒的底层。

(2) 机器人完成对第一个 5# 工件的装箱操作后，返回到 G7 工位的 3# 包装盒，从其中拾取 5#工件，并将第二个 5#工件放置在 G8 工位 5#包装盒的上层。

(3) 机器人完成连续两个 5#工件的双层装箱过后，来到 G7 工位的 2#包装盒，从其中拾取 6#工件，并将第一个 6#工件放置在 G8 工位 6#包装盒的底层。

(4) 机器人完成对第一个 6#工件的装箱操作后，返回到 G7 工位的 4#包装盒，从其中拾取 6#工件，并将第二个 6#工件放置在 G8 工位 6#包装盒的上层。

(5) 上述操作全部完成后，机器人将以关节运动的方式回到"home"点。

参 考 文 献

[1] 叶晖，管小清. 工业机器人实操与应用技巧[M]. 北京：机械工业出版社，2010.

[2] 饶显军. 工业机器人操作、编程及调试维护培训教程[M]. 北京：机械工业出版社，2016.

[3] 张超，张继媛. ABB 工业机器人现场编程[M]. 北京：机械工业出版社，2016.

[4] 马志敏. 工业机器人技术及应用(KUKA)项目化教程[M]. 北京：化学工业出版社，2017.

[5] 邢美峰. 工业机器人操作与编程[M]. 北京：电子工业出版社，2016.

[6] 龚仲华. 工业机器人从入门到应用[M]. 北京：机械工业出版社，2016.

[7] 胡伟. 工业机器人行业应用实训教程[M]. 北京：机械工业出版社，2015.

[8] 田贵福，林燕文. 工业机器人现场编程(ABB)[M]. 北京：机械工业出版社，2017.

[9] 叶晖. 工业机器人工程应用虚拟仿真教程[M]. 北京：机械工业出版社，2014.

[10] 兰虎. 工业机器人技术及应用[M]. 北京：机械工业出版社，2014.

[11] 黄风. 工业机器人编程指令详解[M]. 北京：化学工业出版社，2017.

[12] 徐德，谭民，李原. 机器人视觉测量与控制[M]. 3 版. 北京：国防工业出版社，2016.

[13] 余明洪，余永洪. 工业机器人实操与编程[M]. 北京：机械工业出版社，2017.

[14] 韩建海. 工业机器人 [M]. 3 版. 武汉：华中科技大学出版社，2009.

[15] 张爱红. 工业机器人应用与编程技术[M]. 北京：电子工业出版社，2016.

[16] 管小清. 工业机器人：产品包装典型应用精析[M]. 北京：电子工业出版社，2016.